Das Hobbythek-Buch 11

Jean Pütz
Christine Niklas

DAS HOBBYTHEK-BUCH 11

Unter Mitarbeit von
Heinz Gollhardt

CIP-Kurztitelaufnahme der Deutschen Bibliothek

Pütz, Jean:
Das Hobbythek-Buch / Jean Pütz. Unter Mitarb. von
Heinz Gollhardt. — Köln : vgs
Bd. 2 verf. von Jean Pütz ; Wolfgang Back. —
Bd. 9 verf. von Jean Pütz ; Eckhard Huber
Bd. 1 u.d.T.: Back, Wolfgang: Das Hobbythek-Buch

NE: Huber, Eckhard:; Back, Wolfgang:

11.—1. Aufl. — 1985.
ISBN 3-8025-6144-9

Bildquellen:

Jean Pütz, S. 11, Abb. 1.
Heinz Gollhardt, S. 14, Abb. 3, 4, S. 117, Abb. 45.
Verlag Ch. Jaeger, Hannover, S. 71, Abb. 3.
Verlag Hagemann, Düsseldorf, S. 72, Abb. 4; S. 73, Abb. 5; S. 75, Abb. 6; S. 77, Abb. 8; S. 78, Abb. 9; S. 80, Abb. 11.
Ullstein Bilderdienst, Berlin, S. 79, Abb. 10.
„Foto dpa", Düsseldorf, S. 87, Abb. 19.
Bildarchiv Huber, Garmisch-Partenkirchen, S. 132, Abb. 2.
Günther Heepen, S. 141, Abb. 13.
Gerhard Praßer, Köln: alle übrigen Fotos.
Ernst Ebner, Bad Brückenau: alle Zeichnungen.

1. Auflage 1985
2. Auflage 1985
© Verlagsgesellschaft Schulfernsehen — vgs —, Köln 1985
Satz: Fotosatz Scanner, Meckenheim
Reproduktion der Abbildungen: Litho Scharf, Köln
Druck und Verarbeitung: Stürtz AG, Würzburg
Herstellung: Wolfgang Arntz
Printed in Germany
ISBN 3-8025-6144-9

Inhalt

Liebe Leser !

Elf Jahre ist die Fernsehsendung _Hobbythek_ jetzt alt. Aber auch die Reihe der _Hobbythek-Bücher_ hat die stattliche Zahl Elf erreicht. Es „elftelt" also bei uns. Trotz der Schnapszahl haben wir der Versuchung widerstanden, Sie ähnlich wie im _9. Hobbythek-Buch_ mit unserem Thema Schabernack auf den Arm zu nehmen oder gar die Zubereitung von Schnäpsen fortzusetzen. Darüber steht alles Einschlägige bereits im _Hobbythek-Buch 1_ und im _Hobbythek-Buch 10_.

Viel ernsthaft Nützliches werden Sie in diesem Buch finden, daneben aber auch amüsante und hoffentlich immer interessante Randbemerkungen, Hintergrundinformation usw. Darin unterscheidet sich dieses Buch nicht von den vorangegangenen.

Trotzdem werden aufmerksame Leser einen Unterschied zu den Büchern aus der Anfangszeit der _Hobbythek_ entdecken. Wir sind in den Themen ausführlicher geworden und wagen uns auch einmal an etwas heran, das uns früher zu kompliziert erschienen wäre. Dies geht nicht zuletzt auf Wünsche von

Ihrer Seite zurück. Für uns hat es bedeutet, daß wir bei den Vorbereitungen oft einen ziemlich großen Aufwand treiben mußten, damit auch alles für den Laien verständlich aufbereitet werden konnte. Auf diese Weise sind einzelne Themen umfangreicher, dafür aber auch verständlicher geworden und einfacher nachzuvollziehen.

Dies alles wäre nicht zu schaffen ohne viele Mitarbeiter und Ko-Autoren. Zu danken habe ich diesmal besonders Christine Niklas, die mit mir zusammen fast 80% des vorliegenden Buches verfaßt hat. Schon bei anderen Sendungen und Büchern der Hobbythek war sie die Fachfrau für alles, was mit Gaumenfreuden und Ernährung zu tun hat. Diesmal zeichnet sie mitverantwortlich für die Themen „Nudeln" und „Ei".

Prof. Dr. Günther Vollmar als Chemiker und Hiltrud Trottenberg als diplomierte Lebensmittelchemikerin haben beim Kapitel „Unsere Umwelt, einmal nachgemessen" mitgearbeitet. Auch ihnen gilt mein herzlicher Dank.

Auch in diesem Buch sind wir der Konzeption der _Hobbythek_ treu geblieben:

Wir vermitteln nicht nur Rezepte und Anleitungen, sondern gehen auch auf das Umfeld und Hintergründe ein. Bei dem auf besonders großes Interesse gestoßenen Thema Nudeln haben wir uns nicht einfach begnügt, die Herstellung von Nudeln auf herkömmliche Weise zu beschreiben. Wir haben Abwandlungen unter Verwendung von selbstgemahlenem Vollkornmehl hinzugenommen und haben schließlich Sorten komponiert, die Sie in keinem Laden kaufen können. Auch eine Reihe der Rezepte fallen aus dem Rahmen des üblichen.

Unsere Nudeln haben einen besonders hohen Eigehalt. Das Kapitel „Ei, Ei, Ei - ein Ei" ist deshalb vom Nudelkapitel gar nicht so weit entfernt. Wir waren bei unserem Streifzug durch die Welt des Eies selbst überrascht, wieviel Interessantes es da zu entdecken gibt. Und so reicht unser Streifzug von der Entwicklungsgeschichte des Eies und des Hühnerviehs über die verschiedenen Güteklassen und Verwendungsmöglichkeiten bis zu Rezepten und natürlich auch bis zum Osterei.

Wenn man bedenkt, daß der größte Teil der Eier auf nicht gerade sehr tierfreundliche Weise zustande kommt, dann ist es nicht weit zu unseren Problemen im Umgang mit der Natur und mit der Umwelt ganz allgemein. Die Freunde der *Hobbythek* wissen, daß diese Reihe keine herkömmliche Bastelreihe ist. Und so wird es sicher niemanden von Ihnen verwundern, daß wir das Wort Hobby ohne Schwierigkeiten mit dem Thema Umwelt in Zusammenhang gebracht haben. Wie Sie leicht feststellen können, haben wir uns in diesem Kapitel nicht mit den theoretischen Aspekten begnügt, sondern uns auch ums Praktische gekümmert. Die Umwelt und die in ihr möglicherweise vorhandenen schädlichen Stoffe selbst einmal nachzumessen, das ist das Hauptziel des Kapitels.

Wir wollen aus Ihnen keine Chemiker und keine Umweltexperten machen. Wer aber einmal selbst den Regen, das Leitungswasser, den Gartenboden, das Friteusenfett und anderes auf schädliche Stoffe untersucht hat, der wird mit einem ganz anderen Bewußtsein die verschiedenen Berichte über unsere Umwelt lesen und sich im Zweifelsfalle auch effektiver gegen unzumutbare Belastungen wehren können. Die Hobbythek hat schon in vielen Fällen ihre Aufgabe darin gesehen, Aufklärungsarbeit zu leisten. Dabei beschränken wir uns nicht darauf, zu erklären, wie etwas funktioniert, sondern wir fragen auch, warum das so ist und wie es dazu kam. Wie Sie vielleicht gemerkt haben, spielt auch der Gesichtspunkt der Gesundheit in vielen Kapiteln der bisherigen Bücher eine große Rolle.

Im übrigen gibt es seit kurzem zwei Hobbythek-Sammelbände für Freunde des Essens und Trinkens. Hier haben wir aus den bisherigen zehn Hobbythek-Büchern die beliebtesten Themen zusammengefaßt. Natürlich gibt es nach wie vor die gesamte Hobbythek-Buch-Reihe, bei der die früher erschienenen Bücher regelmäßig durchgesehen und nachgedruckt werden. Auch den Inhalt dieser Bücher können Sie im Stichwortverzeichnis auf den letzten Seiten nachlesen. Sie werden staunen, womit sich die Hobbythek schon alles befaßt hat.

Viel Spaß

Ihr

Nudeln selbstgemacht

Wir haben in der Hobbythek ja schon manche Speisen und Getränke vorgestellt, die die Menschheit bereits vor Jahrtausenden entwickelt oder entdeckt hat. Dazu gehört das Brot, das Bier, der Wein, natursaure Gemüse, Gerichte aus der Sojabohne usw. Aber hätten Sie gedacht, daß es auch die Nudeln schon seit mindestens 4000 Jahren gibt? So alt ist nämlich eine alte *chinesische Aufzeichnung,* in der uns ein Rezept für Nudeln mit Hühnerfleisch überliefert ist.

Nun sind sich die Forscher allerdings nicht ganz einig darüber, wer die Nudeln tatsächlich erfunden hat. Die *Etrusker* haben nämlich schon im 3. Jahrhundert vor unserer Zeitrechnung — also vor rund 5000 Jahren — Geräte zur Herstellung von Teigwaren besessen. In einem Grab aus dieser Zeit fand man Abbildungen von Teigrädchen und einem Nudelholz.

Also waren es doch nicht die *Italiener,* die auf ihre Nudeltradition so stolz sind und glauben, die Nudel erfunden zu haben? Erfunden haben sie das Grundrezept sicher nicht, wohl aber haben sie die größte Vielfalt von Nudelformen und

Abb. 1: Man sieht es Jean Pütz und Christine Niklas an, daß Nudelmachen Spaß macht.

Rezepten entwickelt, wie man heute noch in Italien in jeder einfachen Gaststätte feststellen kann.

Sicher ist, daß die Italiener schon recht früh eine Nudelkultur entwickelten. Es heißt, daß Marco Polo Ende des 13. Jahrhunderts in China die Teigwarenherstellung kennengelernt hat und daß er sein Wissen nach Italien gebracht haben soll. In seinen Aufzeichnungen kann man von einem fadenförmigen Gericht lesen, das die Chinesen gerne gegessen hätten. Was er entdeckte, hatte also — wie gesagt — in China bereits eine alte Tradition. Weizenmehl, Eier und Wasser waren dort vor 4000 Jahren schon Bestandteile des Grundrezepts; sie sind es auch bei uns bis heute. Auch die Glasnudeln gab es schon, die aus Reismehl und Sojabohnenstärke hergestellt werden. Trotzdem kann man nicht sagen, daß Marco Polo den Italienern die Geheimnisse der Nudelherstellung überbracht hätte. Schon vor ihm gab es ein Kochbuch, das den Italienern die Zubereitung von „Vermicelli" und „Tortelli" beschrieb.

Rund 2000 Jahre früher ließen sich die antiken *Griechen* bereits „Lagano" oder „Lasani" schmecken. Das waren Teigstreifen, die mit Honig oder anderen süßen Zutaten verzehrt wurden. Bei Horaz schließlich liest man von einer Nudelsuppe mit Porree und Kichererbsen. Sie sehen also: auch die berühmte Brühe mit Einlage gibt es schon seit langer Zeit.

Und wie war es in Deutschland?

Auch wenn wir hier nicht die älteste Nudelkultur haben dürften, so haben wir doch eine ganz besondere: die der Spätzle, auf die wir noch zu sprechen kommen. Und wenn wir auch nicht auf den Nudelverbrauch der Italiener kommen, so sind es Anfang der 80er Jahre im Durchschnitt pro Kopf doch immerhin 4 Kilo gewesen. Pro Jahr werden also bei uns rund 240000 Tonnen Nudeln gegessen. In Süddeutschland sind es etwas mehr als in Norddeutschland. Dort fehlt einfach die Spätzle-Tradition. Alles in allem kann man sagen, daß Teigwaren im weitesten Sinne sicher früher als das Brot eine Rolle spielten. Der Grund dafür ist sehr einfach: Nudeln lassen sich nämlich wesentlich einfacher herstellen als Brot. Wahrscheinlich wurden sie deshalb auch in verschiedenen Ländern zu unterschiedlichsten Zeiten immer wieder neu „erfunden". Nudeln bestehen nämlich im Prinzip nur aus Mehl, das mit etwas Feuchtem angerührt wird. Dieses Feuchte kann Wasser, aber auch Ei sein. Weiter gehört zum Nudelgericht, daß der so entstandene Teig in siedendem Wasser gekocht wird.

Es fiel hier bereits das amtsdeutsche Wort *Teigwaren*. Wie alle Wörter aus der Sprache der Verordnungen spielt es im Alltag kaum eine Rolle. Schließlich kann man damit im Laden wenig anfangen, denn es ist ein Sammelbegriff, unter den nicht nur Nudeln fallen.

Wir wären nicht in Deutschland, wenn es hier nicht auch für Nudeln ganz bestimmte Klassifizierungen gäbe. Sie haben freilich auch ihre Vorteile; denn Sie können aus dem Packungsaufdruck gleich entnehmen, worum es sich beim Inhalt handelt. Hier die drei Sorten von Nudeln:

- Die normalen *„Frisch-Ei-Nudeln"* enthalten pro 1 kg Weizenrohmaterial mindestens 2 $\frac{1}{4}$ Eigelb oder 2 $\frac{1}{4}$ ganze frische Hühnereier. Normale „Eier-Nudeln" hingegen enthalten nur die entsprechende Menge Eiprodukte, also zum Beispiel Eipulver.
- *„Frisch-Ei-Nudeln mit hohem Eigehalt"* müssen pro 1 kg Weizenrohmaterial mindestens 4 Eigelb oder 4 ganze frische Hühnereier enthalten. Bei „Eier-Nudeln mit hohem Eigehalt" sind nicht frische Eier beigemengt, sondern eine entsprechende Menge Eiprodukte.
- *„Frisch-Ei-Nudeln mit sehr hohem Eigehalt"* enthalten pro 1 kg Weizenrohmaterial mindestens 6 Eigelb oder frische Hühnereier. „Eier-Nudeln mit sehr hohem Eigehalt" eine entsprechende Menge Eiprodukte.

Wenn wir Ihnen jetzt schon verraten, daß unsere Nudeln pro 1 kg Weizenmehl 9 bis 10 frische Eier enthalten, dann wissen Sie ungefähr, was Sie da an Köstlichkeiten erwartet.

Bei den Klassifizierungen war immer die Rede von Weizenrohmaterial. Es gibt im Handel aber auch noch andere Teigwaren, die zum Beispiel aus Vollkornmehl oder aus Mehl mit Gemüsezusätzen bestehen (grüne Spinatnudeln, rote Paprikanudeln usw.). Darauf gehen wir noch genauer ein, wenn wir Ihnen unserere Spezialrezepte verraten werden.

Weizen, der Stoff aus dem die Nudeln sind

Neben der Gerste war der Weizen die erste Getreideart, die von Menschen kultiviert und planmäßig angebaut wurde. Man kennt ihn seit etwa 10.000 Jahren. Davor sammelten die Menschen wildwachsende Gräser- oder Getreidekörner.

Weizen gedeiht in den gemäßigt warmen Klimazonen, also auch in Mittel- und Südeuropa. Der normale Weizen ist da etwas genügsamer als der sogenannte Hartweizen, der es gern etwas wärmer hat und besonders guten Boden braucht. Er wird vor allem im Mittelmeerraum, in den nordamerikanischen

Mehl gemahlen wird, das wir zum Kuchenbacken verwenden. Umgeben wird dieser Mehlkörper von der sogenannten *Aleuronschicht*, die wertvolle Mineralstoffe und Vitamine sowie Eiweiß enthält. Der an einer Spitze des Korns liegende Keimling speichert zusätzlich eine Menge Fett. Mehlkörper und Keimling werden von mehreren weiteren Schichten umschlossen; so von der *Fruchtschale* und der äußeren *Samenschale*, die im wesentlichen aus

sich Weizen von allen anderen Getreidearten. Mit Wasser gemischt entsteht aus diesem Eiweiß der sogenannte Kleber, der für die Elastizität des Nudelteiges sorgt. Wie wir beim Brotbacken in der Hobbythek (vgl. *Hobbythek-Buch 2* und *Das große Hobbythek-Buch vom Essen/1*) gesehen haben, ist dieser Kleber auch die Voraussetzung dafür, daß ein Brot- oder Kuchenteig aus Weizenmehl mit Hefe gebacken werden kann. Reines Roggenmehl wäre dafür nicht geeignet. Roggenmehl geht nur mit Sauerteig auf.

Aus dem Korn wird Mehl

Aus dem unversehrten Korn kann man weder einen Kuchen backen noch Nudeln machen; man braucht für beides Mehl. Und da wir in verschiedenen Tips nicht nur mit gekauftem Mehl arbeiten wollen, sondern auch mit selbstgemahlenem, hier doch noch ein paar Worte darüber, wie das Korn zu Mehl gemahlen wird.

Das Wort „*mel*" kommt aus dem Indogermanischen und bedeutet soviel wie Zerreiben oder Zermahlen. Das bewerkstelligte man in der Frühzeit der Menschen mit primitiven Steinwerkzeugen. Aber selbst in der schon recht hochkultivierten Zeit der römischen Antike waren die Kornmühlen noch ausgesprochen simple Konstruktionen, allerdings schon mit erstaunlicher Leistung. Auf *Abbildung 3* sehen Sie eine solche Mühle, die man sich noch mit zwei hölzernen Hebeln vorstellen muß, die entweder von einem Esel oder von Menschen gedreht wurden.

Die Römer waren es auch, die das Mahlen zwischen zwei Steinen erfanden; denn vorher hat man das Korn mit keu-

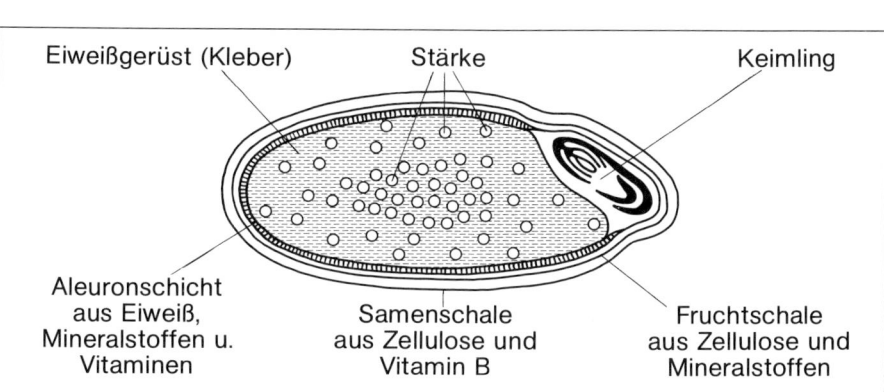

Abb. 2: Der Aufbau eines Weizenkorns.

Eiweißgerüst (Kleber)   Stärke   Keimling

Aleuronschicht aus Eiweiß, Mineralstoffen u. Vitaminen

Samenschale aus Zellulose und Vitamin B

Fruchtschale aus Zellulose und Mineralstoffen

Präriezonen und in Nordafrika angebaut.

Aus Weizen bäckt man Weißbrot, Kuchen und feines Gebäck; aber man stellt daraus auch Nudeln her. Und das nicht etwa nur, weil Weizen so schön hell ist, sondern weil das Weizenkorn gegenüber allen anderen Getreidearten eine besondere Eigenschaft hat. 83 bis 85% des Weizenkorns bestehen aus *Stärke* und einer geringen Menge *Eiweiß*. Es ist der schraffierte Teil in *Abbildung 2*. Er wird auch als *Mehlkörper* bezeichnet, weil nur aus ihm das feine

Zellulose besteht, aber auch Vitamin B enthält.

Wir nannten vorhin schon den Hartweizen, der auch *Durum-Weizen* (nach lateinisch durus = hart) genannt wird. Wir beziehen ihn in Deutschland hauptsächlich aus den USA und Kanada, weshalb er auch teurer ist. Hartweizen enthält 15 bis 16% Eiweiß, während unser normaler Weizen nur 13% Eiweiß hat. Außerdem unterscheiden sich beide Sorten in der Zusammensetzung des Klebereiweißes. Was ist nun das? Durch das *Klebereiweiß* unterscheidet

Abb. 3: So sahen die Kornmühlen der Römer aus. Der konische Trichterteil wurde auf den Stein-kegel gesetzt, er hatte links und rechts einen Holzhebel zum Drehen. Beide Teile der Mühle sind aus Stein gehauen.

Abb. 4: Der ständige Wind auf den griechi-schen Kykladen-Inseln trieb in früheren Jahr-hunderten tausende von Mühlen an. Diese Mühle auf Naxos gehört zu den wenigen noch intakten Exemplaren in unserer Zeit.

lenartigen Stößeln mehr zerquetscht als gemahlen.

Auch heute noch wird Korn zwischen Steinen gemahlen; allerdings bei sehr viel weiterentwickelter Technik. In einer modernen Mühle geht das Mahlen auf einem sogenannten Walzenstuhl vor sich. Dabei wird das Korn in verschie-denen Stufen ausgemahlen. Zunächst wird es nur grob zerkleinert und ge-schrotet. Das Schrot enthält noch alle Vollkornbestandteile. Mit Gebläsen und Sieben werden dann die Keimlinge

und die Kleie — das sind die Rand-schichten — entfernt. Übrig bleibt der in kleine Teilchen zerbrochene Mehlkör-per.

In einer nächsten Stufe werden diese Mehlkörperteile weiter zerkleinert; es entsteht *Grieß*. Nun wird wieder ge-siebt, damit eine jeweils gleiche Kör-nung erreicht wird. Dann wird der Grieß noch einmal gemahlen; es entsteht der sogenannte *Dunst*, den man entweder als besonders feinen Grieß oder auch als ein grobes Mehl bezeichnen könn-

te. Viele Nudelfabriken verwenden die-sen Dunst bereits zur Nudelproduktion, und deshalb wird er oft auch „Nudel-dunst" genannt. Dieses grobe Mehl hat den Vorteil, weniger zu klumpen. Es nimmt die Flüssigkeit langsamer auf, wodurch der mit Wasser angerührte Teig nach einiger Zeit fester wird.

Damit man unser normales Mehl erhält, muß der Dunst noch einmal ausgemah-len werden. Die zum Backen und auch zur Nudelherstellung zu Hause ge-bräuchlichste Mehlart ist das feine *Wei-*

zenmehl der Type 405, das auch Weizenauszugsmehl genannt wird. Es enthält knapp 80% Stärke, über 10% Eiweiß (hauptsächlich Kleber) und rund 10% Wasser. Die Typenbezeichnung 405 gibt den Grad der Ausmahlung an. Je feiner das Mehl gemahlen ist, um so weniger Schalenanteile sind darin enthalten und um so weißer ist es. Die Type gibt den Mineralstoffgehalt in 100 g Trockensubstanz an. Das heißt in verständlichen Worten: Weizenmehl in der Type 405 enthält 405 mg Mineralstoffe auf 100 g Mehl-Trockensubstanz. Der Mineralstoffgehalt ist nichts anderes als der Gehalt an Randschichten des ursprünglichen Korns.

Weniger stark ausgemahlene Mehle haben eine höhere Typenzahl. Bei Weizenmehl reicht sie bis 1600, was bedeutet, daß 1600 mg Mineralstoffe oder Schalenanteile auf 100 g Trockensubstanz kommen. Roggenmehl gibt es auch als Type 1800.

Beim Weizenmehl wird der Kleberanteil relativ geringer, wenn Randschichten im Mehl einen höheren Anteil haben. Das Klebereiweiß befindet sich ja nur im Mehlkörper und nicht in den Randschichten. Beim Vollkornmehl mit einer hohen Typenzahl ist der Kleberanteil also am geringsten.

Weizenmehl von der Type 405 erhält man überall und es eignet sich für die Nudelherstellung ganz ausgezeichnet. Es soll uns dabei gleichgültig sein, daß diese Mehlsorte viele wichtige Stoffe nicht mehr enthält, die zum Beispiel im Vollkornmehl noch vorhanden sind. Wir werden Ihnen genügend Rezepte verraten, die den gesundheitlichen Nutzen des Vollkornmehls berücksichtigen.

Gewichtsverhältnisse	roh	gekocht
Teigwaren	100 g	ca. 300 g
Reis	100 g	ca. 300 g
Kartoffeln	100 g	ca. 100 g

Nährwerte im gekochten Zustand	Teigwaren (eifrei)	Reis	Kartoffeln
Feuchtigkeit	72%	73%	77%
Fett	1%	0,2%	—
Eiweiß	4%	2%	2%
Kohlenhydrate (Stärke+Zucker)	24%	24%	16%
KJ (Kilojoule) pro 100 g	514	449	306
Kcal (Kilocalorie) pro 100 g	121	105	72

Abb. 5: Teigwaren, Reis und Kartoffeln im Vergleich.

Abb. 6: Nudeln kann man in den verschiedensten Farben herstellen.

In diesem Zusammenhang gleich auch noch dies: Sich sein Mehl selbst zu mahlen, hat erhebliche Vorteile. Unversehrte Getreidekörner sind fast unbegrenzt haltbar. Bei trockener und kühler Lagerung werden sie Jahrhunderte alt und sind auch dann noch keimfähig. Ein Zeichen dafür, daß in ihnen noch alle Mineralstoffe und Vitamine enthalten sind. Im gemahlenen Zustand ist das Mehl hingegen nur begrenzt haltbar. Aber nun vom Mehl wieder zurück zu den Nudeln:

Nudeln machen nicht dick

Teigwaren stehen in keinem besonders guten Ruf. Sie machen dick, seien zu gehaltvoll usw. Daß dies durchaus nicht so ist, zeigt die Tabelle in *Abbildung 5*. Der Vorteil bei Nudeln ist, daß 100 g davon gekocht ca. 300 g wiegen, das heißt, gekochte Nudeln bestehen zu $\frac{2}{3}$ aus Wasser, dessen Nährwert bekanntermaßen Null ist. Ganz anders hingegen ist es bei den Kartoffeln. 100 g rohe Kartoffeln wiegen genausoviel wie 100 g gekochte.

Nudeln: vielseitig, praktisch schön

Das Herrliche an Nudeln ist, daß sie sich bei einigermaßen trockener Lagerung ewig halten, ohne daß man besondere Konservierungsmethoden braucht. Ja, man kann sogar sagen, daß die Nudeln die ersten Fertigprodukte der Küche waren, die man lange aufheben konnte.

Ein weiterer Vorteil der Nudeln: man braucht sie nicht zu schälen wie die Kartoffeln. Man gibt sie ins kochende Wasser und hat nach maximal 12 Minuten fast schon ein fertiges Gericht auf dem Tisch.

Außerdem lassen sich Nudeln mit einer Unmenge von Soßen, Fleischgerichten, Gemüsen usw. kombinieren. Sie sind nicht einmal auf salzige Zutaten festgelegt; auch in süßen Gerichten machen sich Nudeln ausgesprochen gut.

Dann kann man Nudeln als Hauptgericht, als Vorspeise, als Nachtisch und sogar als Salat bereiten, sie in Suppen geben, zu Aufläufen und Omeletts verarbeiten und sicher noch zu vielem mehr.

Die Italiener essen ihre *Pasta* in der Regel als Vorspeise. Bei uns jedoch sind Nudeln ein ausgesprochenes Hauptgericht.

Zum Schluß wollen wir auch noch die vielen Formen loben, in die man Nudeln bringen kann. Auf *Abbildung 6* sehen Sie nur eine kleine Auswahl. Wir werden Ihnen bei den verschiedenen Rezepten noch sagen, welche Nudelart sich als Beilage besonders gut eignet. Denn die Form spielt bei den verschiedenen Gerichten eine wichtige Rolle. So kleben zum Beispiel Bandnudeln wegen ihrer großen glatten Flächen besonders leicht zusammen, während Nudeln in Spiralform besonders viel Soße aufnehmen.

Öffnen Sie sich die Tür zum Schlaraffenland, machen Sie Ihre Nudeln selbst

Vielleicht denken Sie jetzt, daß man ja weiß Gott nicht darüber klagen kann, daß es in den Läden nicht x-erlei verschiedene Sorten von Nudeln gibt.

Wenn Sie sie erst einmal selbst gemacht haben, wird es Ihnen sicher nicht anders gehen als uns: selbstgemachte Nudeln und gekaufte lassen sich gar nicht vergleichen.

Da ist zuerst einmal der Unterschied, daß gekaufte Nudeln immer getrocknet sind, Ihre selbstgemachten aber frisch aus der Maschine in den Topf wandern können. Das macht sich im Geschmack bemerkbar.

Außerdem gibt es beim Selbermachen viel mehr Variationen für den Nudelteig, sei es in der Art des Mehls, in den Zutaten, die den Nudeln verschiedene Farben und Geschmacksrichtungen geben, in der Art der frischen Füllung bei Tortellini usw.

Und noch eine Form des „Lustgewinns" gibt es bei selbstgemachten Nudeln: Es macht ungeheuren Spaß, mit Freunden, Bekannten und Verwandten in der Küche Nudeln zu drehen und daraus die verschiedensten Gerichte zu bereiten. Wir haben immer wieder die Erfahrung gemacht, daß bei solchen Nudelfesten ständig neue Rezepte entstehen. Es ist ganz erstaunlich, welche Phantasie die meisten Leute in der Küche entwickeln. Da kam zum Beispiel jemand darauf, bereits in den Teig frische kleingehackte Kräuter zu geben, ganz zu schweigen von den verschiedenen frischgemahlenen Mehlsorten, die wir zu Nudelteig verarbeitet haben. Viele von Ihnen lehnen ja zu Recht das heute übliche blütenweiße Weizenmehl ab, weil es viele Vitamine und Mineralstoffe des Korns nicht mehr enthält. Deshalb haben wir uns besonders damit beschäftigt, wie man aus den verschiedensten Getreide- und Mehlsorten gute Nudeln bereiten kann.

So haben wir nicht nur Weizen, sondern auch fast alle anderen Getreidearten ausprobiert wie Roggen, Gerste, Hafer, Reis, Grünkernweizen, ja sogar Hirse, Soja und Buchweizen. Um einen guten Nudelteig zu bekommen, haben wir allerdings manchmal bis zu 50% Weizenmehl hinzugeben müssen, damit der nötige Kleberanteil erreicht wurde.

Und wir haben noch etwas anderes herausbekommen. Man kann nämlich aus Nudelteig nicht nur Nudeln formen, sondern hauchdünne, kalorienarme Teigböden, die man mit einem entsprechenden Belag im Ofen wie eine *Pizza* backen kann. Auch dazu werden wir Ihnen einige Rezepte verraten.

Die hohe Kunst der Nudelküche ist aber die Zubereitung von *gefüllten Teigtaschen*. Da meinen wir nicht nur die bekannten Tortellini, sondern Teigtaschen, die man wie Crêpes mit allen möglichen Füllungen — seien sie süß, pikant oder scharf — in der Pfanne braten, im Backofen backen oder sogar fritieren kann.

All diese Köstlichkeiten gehen in ihrer Vielfalt auf ein einziges Grundrezept zurück. Doch bevor wir uns damit beschäftigen, kurz noch einiges zu den Gerätschaften.

Abb. 7: Am besten macht man Nudeln zu zweit.

Die Nudelmaschine

Lassen Sie uns vorweg sagen, daß das Selbermachen von Nudeln überhaupt nicht kompliziert ist und daß auch Leute, die sich in der Küche für ungeschickt halten, sehr gut damit zurechtkommen. Unsere Großeltern haben als Werkzeug lediglich das bekannte Nudelholz und ein Messer gebraucht. Wir haben das ausprobiert und festgestellt, daß dies aber doch eine ganze Menge Geschicklichkeit, Kraft und auch Geduld voraussetzt. Nichts davon braucht man, wenn man eine Nudelmaschine hat. Man bekommt sie bereits für unter 50 Mark; manchmal muß man aber auch 100 Mark ausgeben. Nicht immer ist die teuerste Maschine die beste. Diese

Maschinen sind ziemlich unverwüstlich und sehr leicht zu bedienen.

Wir haben eine ganze Reihe Nudelmaschinen ausprobiert und auch die Preise verglichen (vgl. dazu den Anhang). Die Maschinen arbeiten alle nach dem gleichen Prinzip, nämlich dem der Wäschemangel, bei der durch zwei Walzen etwas hindurchgeführt und plattgedrückt wird. Anschließend wird die dünne Teigplatte durch andere Walzen geführt, die sie — je nach Form dieser Walzen — in verschiedenartige Nudeln zerlegen.

Bedient werden diese Maschinen mit einer Handkurbel. Da die gesamte Maschine aus verchromtem Metall besteht, soll sie mit Wasser möglichst selten in Berührung kommen. Das ist auch

nicht nötig, weil der gut durchgeknetete Nudelteig beim Durchdrehen durch die Maschine eigentlich keinerlei Spuren hinterläßt.

Bei manchen Modellen gibt es außer den beiden glatten Walzen, mit denen der Teig geknetet und in flache Scheiben gepreßt wird, zusätzliche Schneideelemente, die man mit Hilfe einer Schiene in die eigentliche Maschine einhängt. Da gibt es zum Beispiel zwei Schneidewalzen, die den durchgeführten Teigstreifen in breite Bandnudeln zerlegt. Oder es gibt Walzen, die so feine Streifen schneiden, daß sie fast wie Spaghetti wirken, obwohl sie nicht rund sind. Aber auch für richtige runde Spaghetti gibt es einen Vorsatz. Schließlich finden auch die Liebhaber von Lasagne entsprechendes Zubehör, das sehr breite Bandnudeln mit einem gewellten Rand schneidet. Und sogar für Ravioli gibt es ein Vorsatzgerät.

Schlechte Erfahrungen haben wir hingegen mit Kunststoff-Zusatzteilen zum Teigrühren gemacht. Man setzt sie ebenfalls in die Nudelmaschine ein und bedient sie mit einer Handkurbel. Diese Teile arbeiten aber so primitiv, daß man mit den Fingern immer wieder nachhelfen muß, weil zum Beispiel der Teig an den Seiten verklebt.

Schließlich gibt es noch verschiedene Breiten bei diesen Maschinen. Bei der Normalausführung sind die Walzen etwa 14 cm lang, das heißt, der durchgeführte Teig wird in Streifen von etwa 14 cm Breite geformt. Es gibt aber auch Maschinen mit einer Walzenlänge von nur 11 cm. Da braucht man dann einfach länger zur Nudelherstellung. Mehr dazu im Anhang.

Abb. 8:   Zwei Modelle von Nudelmaschinen.

Das Nudelteig-Grundrezept

Wenn man bedenkt, was man aus Nudeln alles machen kann und wie viele Variationen es davon gibt, dann staunt man, wie einfach das Grundrezept ist. Es enthält nämlich nur zwei Zutaten: *Ei* und *Mehl*. Eventuell können Sie noch eine Prise Salz dazutun; es reicht aber auch, wenn es dem Kochwasser beigefügt wird.

Ei und Mehl — das ist das ganze Geheimnis. Auf Zugabe von Wasser, wie es in der Industrie üblich ist, verzichten wir, denn die nötige Feuchtigkeit kommt in unseren hochwertigen Nudelteig ausschließlich durch die Eier. Ein Ei enthält nämlich eine ganze Menge Wasser, wie wir gleich noch sehen werden.

Es ist nicht möglich, ein auf jedes Gramm genaues Grundrezept zu geben, weil die Eier unterschiedlich groß sind und weil auch das Mehl nicht immer von gleicher Beschaffenheit ist. Als Faustregel gilt aber:

> Auf ein durchschnittlich großes Ei rechnet man 100 bis 125 g Mehl. Eine Prise Salz, wenn beliebt.

Der Nudelteig besteht also etwa zu 70% aus Mehl und festen Bestandteilen und zu 30% aus Flüssigkeit. Ein Ei von etwa 50 g enthält nämlich rund 75% flüssige Bestandteile.

Und noch etwas zur Menge: Ein Ei und 100 bis 125 g Mehl ergeben etwa diejenige Menge an Nudeln, die man als Beilage für eine Portion braucht. Wenn Sie Nudeln mit Soße als Hauptgericht servieren wollen, dann müssen Sie allerdings ein wenig mehr pro Person rechnen. Gehen Sie am Anfang zur Sicher-

Abb. 9: Aus diesen wenigen Grundbestandteilen besteht der Nudelteig.

Abb. 10: Wichtig ist, daß alle Zutaten gut verknetet werden.

heit pro Person von zwei Eiern und 200 bis 250 g Weizenmehl der Type 405 aus. Wir haben oft erlebt, daß die selbstgemachten Nudeln solchen Zuspruch fanden, daß diese Menge ohne Schwierigkeiten aufgefuttert wurde.

Teigkneten wie in alten Zeiten

Für das Kneten von Kuchen- oder auch von Nudelteig gibt es verschiedene Methoden. Suchen Sie sich diejenige aus, die Ihnen am leichtesten von der Hand geht.

In jedem Fall brauchen Sie eine genügend große Schüssel aus Plastik oder auch aus Ton, die einen möglichst steilen Rand hat.

Dann muß die entsprechende Menge Eier mit einer Gabel oder einem Schneebesen geschlagen werden, damit sich Eiweiß und Eigelb gut miteinander mischen.

Für das Mischen von Ei und Mehl gibt es nun zwei Methoden. Die einen schütten das Mehl zu den Eiern in die Schüssel, fügen eventuell die Prise Salz hinzu und beginnen dann mit saubergewaschenen Händen alles miteinander zu vermischen.

Die anderen geben das Mehl in die Schüssel, machen in der Mitte eine Kuhle und schütten dorthinein das Ei. Sie mischen dann alles mit einem Holzlöffel solange, bis es mit diesem Gerät zu schwer wird. Es ist dann noch nicht

alles Mehl verbraucht. Jetzt bleibt auch bei der zweiten Methode gar nichts anderes übrig, als mit sauberen Händen zu Werke zu gehen. Natürlich klebt erst einmal alles an den Fingern. Bei weiterem Mischen gibt sich das aber, weil der Teig immer trockener und geschmeidiger wird.

Das ist der Zeitpunkt, wo Sie ihn außerhalb der Schüssel auf einem Brett oder der sauberen Tischplatte weiterkneten. Zum Schluß soll der Teig weder an den Händen noch auf der Unterlage klebenbleiben. Möglicherweise brauchen Sie dafür noch etwas mehr Mehl.

Ist eine schön durchgewalkte Teigkugel entstanden, die sich weder klebrig an-

Abb.11: Die Nudelteigkugeln mit einem Küchentuch abdecken, weil ihre Oberfläche sehr schnell austrocknet.

Abb.12: Beim Kneten mit der Küchenmaschine muß der Teig kleine Klümpchen bilden.

faßt noch am Tisch hängenbleibt, dann können Sie das endgültige Durchkneten mit der Nudelmaschine machen. Das erspart Ihnen viel Arbeit und bewirkt, daß der Teig wirklich ganz homogen und innig durchgemischt wird, was für das Gelingen der Nudelherstellung entscheidend ist.

Der ziemlich feste Teig trocknet jetzt sehr leicht; schon in 5 bis 10 Minuten kann er eine spröde Oberfläche bekommen. Lassen Sie ihn deshalb nie länger offen liegen, sondern geben Sie ihn entweder in einen Topf mit Deckel oder legen Sie ein Handtuch über die Schüssel.

Bevor wir an die weitere Verarbeitung mit der Nudelmaschine gehen wollen, hier noch eine andere Variante:

Natürlich geht es auch mit einer Universal-Küchenmaschine

Leichter und schneller geht das Kneten mit einer elektrischen Küchenmaschine. Aber obwohl der Nudelteig sehr kompakt und schwer ist, sollten Sie nicht den Knethaken nehmen, sondern die normalen Rührbesen. Bei der Teigmischung mit der Maschine kommt es nämlich darauf an, daß der Teig nicht durch die Flüssigkeit zu einem einzigen großen Ballen zusammenklumpt, wie es beim Handkneten der Fall ist. Der Teig soll vielmehr gleichmäßig verteilt in kleinen Krümeln in der Schüssel liegen, die ähnlich wie Streusel aussehen. Ist das nicht der Fall und ballt sich der Teig zu einem großen Klumpen zusammen, dann müssen Sie die Maschine abstellen.

Am sichersten erreichen Sie das, wenn Sie folgendermaßen vorgehen: Mischen Sie in der Rührschüssel zunächst die Eier. Dann kommt bei laufender Maschine das Mehl dazu. Und da bei einer Küchenmaschine alles sehr schnell geht, müssen Sie schon beim Hinzufügen des Mehls sehr genau hinschauen, wie sich der Teig entwickelt. Wirkt er zu trocken, so geben Sie nicht das ganze Mehl hinzu. Macht er hingegen einen zu feuchten Eindruck und beginnt er, an einigen Stellen zusammenzukleben, geben Sie sofort alles Mehl dazu. Denn ist der Teig erst einmal verklumpt, dann ist es sehr mühsam, ihn aus der Maschine wieder herauszulösen, in kleine Bröckchen zu zerpflücken und mit zusätzlichem Mehl erneut in die Maschine zu geben.

Wer keine Küchenmaschine, sondern nur einen elektrischen Handrührer hat, der kann auch damit arbeiten. Auch hier nicht die Knethaken, sondern die Rührbesen verwenden, die man auch für Eischnee und Schlagsahne braucht. Ansonsten geht alles genauso wie bei der Küchenmaschine. Da diese Handrührer nicht ganz so kräftig sind, genügt es, wenn Sie Mehl und Eier gründlich zu kleinen Klümpchen vermischen. Sie können dann alles aus der Schüssel nehmen und mit der Hand weiterkneten. Es klebt dann schon alles nicht mehr sehr.

Weiter geht es mit der Nudelmaschine

Manchmal gibt es Probleme, auf die kommt man gar nicht. Nudelmaschinen werden an der Arbeitsplatte mit einem ganz simplen Schraubelement befestigt, wie man es früher auch für den Fleischwolf und andere Geräte hatte. Nun sind aber moderne Einbauküchen oft so konstruiert, daß die Arbeitsplatte entweder zu dick für dieses Schraubelement ist oder die Platte nicht weit genug vorsteht. Notfalls müssen Sie sich ein schweres Brett besorgen, das Sie auf eine solche Arbeitsplatte legen und an dem Sie die Maschine befestigen. Denken Sie auch daran, daß Sie fürs Nudelmachen eine ganze Menge Platz brauchen. Neben der Maschine müssen nämlich auch noch die ausgerollten Teigstreifen und nachher die fertigen Nudeln unterzubringen sein.

Ist ein passender Platz gefunden und liegen auch frische Küchen- oder Geschirrtücher bereit, auf die die Teigstreifen und Nudeln gelegt oder mit denen sie abgedeckt werden, damit sie nicht vertrocknen, dann kann es losgehen. Stecken Sie zunächst die *Handkurbel* in die Öffnung neben den glatten Walzen. Auf der gegenüberliegenden Seite zur Kurbel sitzt in der Regel der *Einstellknopf*, mit dem sich der Walzenabstand einstellen läßt. Je nach Bauart gibt es etwa 7 Stufen, wobei Stufe 1 den weitesten Abstand der Walzen voneinander bedeutet. Diese Stufe 1 brauchen wir zum *Kneten* des Teiges. Stufe 7 hingegen ergibt einen hauchdünnen Teig, wie man ihn für bestimmte Nudelsorten braucht.

Zerlegen Sie die Teigkugel in ein paar kleinere Kugeln von guter Eigröße. Rollen Sie sie zwischen den Händen ein bißchen wie eine dicke Wurst und decken Sie den Vorrat mit einem Tuch ab. Mit der linken Hand wird nun das Teigstück zwischen den beiden Walzen durchgeführt, während Sie mit der rechten Hand die Kurbel drehen. Wenn man diese Arbeit zu zweit macht, geht es natürlich viel einfacher und macht auch mehr Spaß.

Was beim ersten Durchgang herauskommt, sind manchmal nur Krümel
oder an den Rändern stark eingerisse-
ne Bänder. Das macht aber nichts.
Schlagen Sie dieses Teigband zwei-
oder dreimal ein und schicken Sie es
ein weiteres Mal zwischen den beiden
Walzen bei Stufe 1 hindurch. Beim
zweiten oder dritten Durchgang bilden
sich schon richtige Teigstreifen. Insgesamt wird der Teig 10- bis 12mal bei Stufe 1 durchgeknetet; dabei nicht vergessen, die Teigstreifen in 3 oder 4 Lagen
neu zu falten. Geben Sie den Teig auch
immer in einer anderen Richtung durch
die Maschine hindurch, wie man das
beim Kneten eines Teigballens mit der
Hand auch macht, den man in alle Richtungen dreht. So wird der Teig wirklich
gut vermischt und schön elastisch. Hat
der Teigstreifen eine völlig glatte und
gleichmäßige Oberfläche, dann ist er
fertig.
Nun kann es aber sein, daß der Teig
vielleicht etwas zu feucht ist oder sogar
an den Walzen klebenbleibt. Dann muß
man über den Streifen ein wenig Mehl
stäuben und ihn noch ein paarmal durch
die Maschine drehen, um dieses neue
Mehl gründlich unterzumengen.

Abb. 13:   Die Teigstreifen und Nudeln kann man auf Tüchern ablegen.

Sie haben jetzt einen Teigstreifen, der
allerdings noch zu dick ist. Bevor Sie
ihn weiterverarbeiten, sollten Sie ihn,
auf einem Küchentisch ausgelegt, etwas ruhen lassen. Nehmen Sie sich unterdessen die anderen Teigklöße vor.
Ist alles „durchgenudelt", dann wird der
Walzenabstand allmählich verringert.
Sie brauchen die Teigstreifen jetzt nicht
mehr zu falten. Aber bis zu welcher Stufe soll man gehen? Das kommt ganz
darauf an, was für Nudeln Sie produzieren wollen. Für ganz gewöhnliche Nu-

deln wie zum Beispiel Tagliatelle oder
bei Bandnudeln genügt es bis zur Stufe
5 oder allenfalls 6 zu gehen. Ideal wäre
ein Walzenabstand von 0,7 mm, der eine ausgerollte Teigdicke von 1 mm ergibt.
Beim Durchdrehen werden Sie merken, daß die Teigstreifen natürlich immer länger werden. Irgendwann wird
das einmal unhandlich. Teilen Sie die
auf der Platte liegenden Streifen einfach mit einem Messer auseinander;
das geht ganz leicht. Theoretisch könn-

ten Sie Spaghetti von mehreren Metern
Länge herstellen. Aber das ist dann allenfalls noch etwas für das Buch der Re-
korde.

Die ausgerollten Teigstreifen werden
zunächst auf Küchentüchern abgelegt;
schön nebeneinander, damit sie nicht
zusammenkleben. Bitte jetzt kein Mehl
auf den fertigen Teig streuen, weil das
beim Kochen nur pappig wird und die
Nudeln schließlich im Topf miteinander
verkleistert.

Abb. 14: *Oben links:* Zuerst wird der Teigklumpen mit der Maschine zu einer Platte geformt; *links unten:* dann den Teig etwa 3mal falten; danach mehrmals durchdrehen und zwischendurch immer wieder falten; *oben rechts:* zum Schluß die dünne Platte in Bandnudeln zerlegen.

Mit einer guten Nudelmaschine können Sie jetzt gleich beim Zerschneiden des Teiges in die gewünschte Nudelsorte übergehen. Stecken Sie dazu die Handkurbel in eine der beiden Öffnungen für breite oder schmale Nudeln. Von oben wird jetzt der feine Teigstreifen zwischen die Schneidewalzen gelegt und unten werden die fertigen Nudeln vorsichtig herausgenommen und ebenfalls auf Küchentüchern abgelegt. Auch das macht man am besten zu zweit.

Damit die fertigen dünnen Nudeln unter der Maschine nicht wie ein Haufen Dauerwellen nach dem Regen zusammenknäueln, haben wir uns mit einem kleinen Trick beholfen, den wir Ihnen hier verraten wollen. Wir haben nämlich unter der Nudelmaschine ein Tablett oder ein größeres Brett so langsam durchgezogen, wie die Nudeln von oben aus der Maschine kamen. Es geht aber auch, wenn man — zu zweit arbeitend — die Hände langsam nachführt.

Wenn der Teig nicht ganz in Ordnung ist, kann es auch schon einmal vorkommen, daß er unter den Schneidewalzen hängenbleibt, daß er zusammengedrückt wird oder daß er auch gar nicht ganz präzise zerschnitten wird. Kneten Sie diese mißglückten Nudeln einfach noch einmal zusammen und lassen Sie die Teigstücke etwa 5 bis 15 Minuten leicht antrocknen. Dann noch einmal kurz durchkneten und den Teig wie oben beschrieben verarbeiten.

Wenn Sie eine Maschine mit einem Spaghetti-Vorsatz haben — für richtige runde Spaghetti also —, dann rollen Sie den Teig um eine Stufe dicker (etwa 4) aus, damit die Spaghetti auch schön rund werden.

Es gibt auch elektrische Nudelmaschinen

Oben kommen alle Zutaten hinein, unten die fertigen Nudeln heraus. Schön wär's. Wir haben drei Fabrikate getestet. Wir wollen gleich sagen, daß wir nicht übermäßig begeistert waren. Da versprechen die Produzenten einfach mehr, als tatsächlich dabei herauskommt. Das brauchbarste Modell war noch das der italienischen Firma Simac, das aber immerhin rund 300 Mark kostet. Da gibt es zwar sehr viele Matrizen für unterschiedlichste Nudelformen; allerdings müssen sie extra gekauft werden und sie sind nicht gerade billig. Ein anderes italienisches Fabrikat kostet sogar 400 Mark und ist noch weniger empfehlenswert. Der französische Hersteller Moulinex hat für immerhin schon rund 200 Mark ein Modell auf den Markt gebracht, das wir allerdings noch nicht testen konnten.

Wir geben zu, daß sich diese Maschinen für Makkaroni einigermaßen eignen, die man mit der Handmaschine gar nicht herstellen kann. Alle Nudeln, die aus dieser Maschine kommen, haben eine ziemlich rauhe Oberfläche. Am ehesten lassen sich noch Spaghetti herstellen; für Bandnudeln aller Art sind sie jedoch ziemlich ungeeignet. Lediglich mit der Simac-Maschine haben wir allenfalls annähernd so gute Ergebnisse erzielt wie mit der Handmaschine.

Was uns besonders störte, war, daß das Mischen des Teiges mit diesen Maschinen sehr langsam vonstatten geht. Brauchen Sie einmal größere Mengen, dann dauert das mit diesen Geräten ewig. Mit der Handmaschine geht das viel schneller.

Heiß gekocht und heiß gegessen — über die Kunst, Nudeln zu kochen

Das folgende gilt für Nudeln generell, also nicht nur für selbstgemachte. Wenn Nudeln nach dem Kochen matschig und pappig sind, dann muß das nicht unbedingt am Koch liegen. Natürlich müssen die richtigen Kochzeiten eingehalten werden; dazu gleich mehr. Wenn gute Eiernudeln richtig gekocht werden, dann braucht man sie zum Schluß nur im Sieb abtropfen zu lassen. Abschrecken mit kaltem Wasser ist da nicht nötig. Das gilt für die gängigen Sorten, die aus Weizengrieß oder -mehl hergestellt wurden. Bei allen anderen Getreidesorten kann es hingegen doch Probleme mit dem Zusammenkleben geben. Der Rohstoff spielt also eine wichtige Rolle.

Das gilt vor allem für Nudeln, die nur aus Mehl oder Grieß und Wasser bestehen. Deshalb verwendet man bei diesen eierlosen Nudeln meistens Hartweizen, der — wie oben schon gesagt — einen hohen Anteil an Klebereiweiß besitzt.

Ganz wichtig ist, daß die Nudeln in ausreichend *viel Wasser* schwimmen. Als Faustregel gilt, daß 100 g Nudeln in einem Liter Wasser kochen sollen. Das ist natürlich bei größeren Mengen nicht immer möglich. Weit unter 0,8 Liter pro 100 g Nudeln sollten Sie allerdings nicht gehen. Erinnern wir uns: aus 100 g trockenen Nudeln werden immerhin 300 g gekochte. Das heißt, sie nehmen 200 g Wasser auf. Und da kann es schnell passieren, daß nicht genügend Wasser zum Darinschwimmen und Kochen übrig bleibt. Ganz so groß ist *dieses* Problem bei frischen Nudeln nicht, da sie ja noch rund 30% Flüssigkeit enthalten. Allerdings kommt hier hinzu, daß sie durch den hohen Eigehalt stark aufgehen.

Bei frischen Nudeln besteht auch die Gefahr, daß sie beim Hineingeben in den Kochtopf aneinander kleben bleiben. Deshalb unser Rat: soviel Wasser wie möglich. Dann passiert es Ihnen auch nicht, daß das Wasser beim Hineingeben der kalten Nudeln aufhört zu

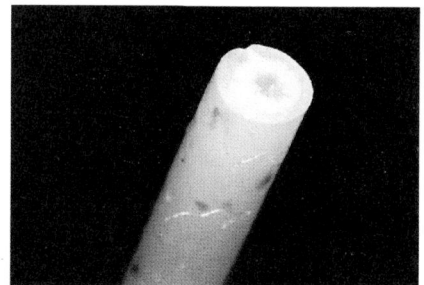

Abb. 15: Der richtige „Biß" ist bei Nudeln besonders wichtig. Ein weißer Kern bedeutet: noch nicht gar!

sprudeln. Ist das nämlich der Fall, dann verzögern sich wieder die Kochzeiten. Bei Nudeln muß nämlich das Wasser *während der gesamten Kochzeit sprudeln.* Lassen Sie die Nudeln also nicht nur in heißem Wasser ziehen; dann werden sie nämlich leicht matschig oder schleimig.

Bei Nudeln aus dem Laden werden die Kochzeiten in der Regel auf der Packung angegeben. Interessant für uns ist hier, wie sich diese Zeiten bei gekauften und getrockneten Nudeln im Vergleich zu frischen Nudeln verhalten. Trockene Bandnudeln von etwa 1 mm Dicke brauchen 10 bis 11 Minuten Kochzeit, frische Bandnudeln von derselben Stärke etwa 6 bis 8 Minuten.

Ob Nudeln als gar empfunden werden, hat viel mit dem persönlichen Geschmack zu tun. Was der eine „al dente" genau richtig findet, ist für einen anderen noch zu hart. Wir können hier also nur von Durchschnittswerten ausgehen. Als richtig gegart gelten Nudeln normalerweise, wenn sie eine gute, glatte Oberfläche haben, einen elastischen, kurzen Biß und ohne langes Kauen leicht zu schlucken sind. Auf keinen Fall dürfen sie einen Kern aus roher Stärke haben, den selbst ein Laie bei einer durchgebissenen Nudel erkennt. Schlimmer aber ist es, wenn die Nudeln zu lang gekocht werden. Man kann sie eigentlich nur noch wegwerfen, weil sie alle Elastizität und ihre Form verloren haben. Probieren Sie während des Kochens hin und wieder eine Nudel, die Sie aus dem Topf fischen, kurz durchbeißen und sich auch einmal anschauen. Beim schrägen Durchschneiden erkennt man am leichtesten, ob noch ein ungekochter Kern vorhanden ist. Ist er gerade verschwunden, dann brauchen die Nudeln noch ungefähr 2 Minuten, bis sie optimal gar sind.

Ist die Kochzeit beendet, dann gibt es je nach Nudelqualität die verschiedensten Möglichkeiten, nachträgliches Zusammenkleben zu verhindern.

Wenn Sie mit relativ wenig Wasser kochen müssen, hilft die Methode, etwas Öl ins Kochwasser zu geben. Bei unseren selbstgemachten Nudeln ist das allerdings höchstens bei Lasagne-Teigplatten nötig, die wegen ihrer großen Oberfläche leicht einmal zusammenkleben können.

Vom Abschrecken mit kaltem Wasser möchten wir bei unseren Nudeln auf jeden Fall abraten; die Nudeln werden dadurch einfach kühl. Bei gekauften Nudeln mit geringem oder gar keinem Eigehalt kann diese Methode allerdings weiterhelfen.

Ein sehr gutes Verfahren ist auch, die heißen und abgetropften Nudeln mit Butter oder Soße zu vermischen.

Abb. 16: Selbstgemachte Nudeln müssen bei richtiger Kochzeit nicht abgeschreckt werden.

Selbstgemachte Nudeln trocknen?

Es ist gar keine Frage, daß frische Nudeln am besten schmecken, wenn sie gleich gekocht und gegessen werden. Selbst wenn einige davon übrigbleiben sollten, kann man davon auch am nächsten Tag immer noch herrliche Gerichte zaubern, wie zum Beispiel Nudelomelettes, gebratene Nudeln, einen Auflauf, Salate usw.

Aber vielleicht wollen Sie doch einen kleinen Vorrat an getrockneten Nudeln haben, falls Sie einmal von Gästen überrascht werden und schnell etwas kochen wollen.

Wir wollen es gleich sagen: Selbstgemachte Nudeln zu trocknen, ist gar nicht so einfach. Am besten gelingen sie nämlich, wenn sie langsam trocknen. In der Industrie erreicht man das dadurch, daß man die Teigwaren in Räumen mit relativ hoher Luftfeuchtigkeit trocknet. Bei diesem Verfahren bleiben die Nudeln schön glatt und elastisch; sie behalten also ihre Form und sie brechen nicht so leicht.

Diese Voraussetzung läßt sich zu Hause in der Regel nicht schaffen. Die besten Ergebnisse erzielt man noch beim Trocknen auf Siebeinsätzen, wie Sie einen zum leichten Nachbau auf *Abbildung 17* sehen. Wer den Trockenschrank der HOBBYTHEK besitzt (vorgestellt wird er im *HOBBYTHEK-BUCH 6* und im *Großen HOBBYTHEK-BUCH vom Essen/2*), der kann auch die dort verwendeten Siebe und den Schrank selbst (allerdings ohne Heizlüfter) verwenden. Diese Siebe oder Roste sind nichts anderes als rechteckige Holzrahmen, die auf einer Seite mit Kunststoff-Fliegendraht bespannt sind. Wenn man auf dieses durchlässige Material die Nudeln legt, dann trocknen sie von beiden Seiten zugleich, wodurch sie sich weniger verbiegen. Außerdem entsteht zwischen den Rosten eine relativ feuchte Luft.

Früher hat man die Nudeln auch über Wäscheleinen oder Besenstiele gehängt und getrocknet. Aber da verziehen sie sich leicht und sie werden vor allem sehr brüchig. Bei unseren Versuchen sind die Nudeln zum Teil schon beim Trocknen zerbrochen und auf den Boden gefallen. Am ehesten klappt dieses Verfahren noch bei Spaghetti, wenn der Teig wirklich ganz elastisch geknetet wurde und ohne Bruchstellen ist. Wenn Sie sehr lange Spaghetti gedreht haben, dann können Sie sie sogar in großen Schlingen locker um einen Besenstiel herumwickeln. Sie lassen sich dann getrocknet besser abziehen und in dieser Form auch besser in Gläsern, Dosen oder sogar Körben aufbewahren. Beim Kochen werden sie ja wieder gerade.

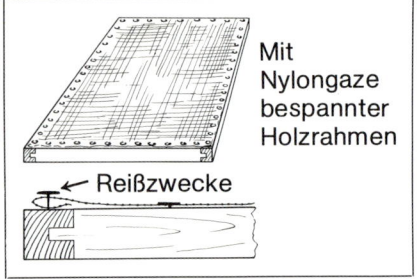

Mit Nylongaze bespannter Holzrahmen

← Reißzwecke

Abb. 17: So baut man sich einen einfachen Holzrahmen mit Fliegengitter zum Trocknen von Nudeln.

Abb. 18: Dies alles sind selbstgemachte Nudeln. *Links:* Bandnudeln, die wir auf einem Tuch getrocknet haben; *Mitte:* man kann die Nudeln aber auch über Stäbe hängen oder darumwickeln und trocknen; *rechts:* getrocknete farbige Nudeln, die fast einem bizarren Blumenstrauß ähneln.

Die allereinfachste Methode ist immer noch, die frischen Nudeln auf sauberen Küchentüchern abzulegen und sie 2 bis 3 Tage zum Trocknen liegenzulassen. Da das auf dem Tisch sicher nicht möglich ist, eignen sich große Holzbretter oder auch Backbleche und Kuchenroste als Unterlage. Die Nudeln werden hinterher zwar etwas verdreht und gekrümmt aussehen, das ist aber fürs Kochen gleichgültig. Der einzige Nachteil ist eigentlich, daß sie leicht brechen. Machen Sie die Nudeln also nicht allzu lang.

Nudelspezialitäten, die man im Laden nicht kaufen kann

Rote und grüne Nudeln: über das Färben mit Kräutern und Gewürzen

Rote und grüne Nudeln sind nicht einfach nur gefärbt; sie werden auch im Geschmack auf sehr interessante Weise verändert.

Abb. 19: Grüne und rote Nudeln mit den jeweiligen Zutaten.

Abb. 20: Bei unseren Kräuternudeln kann man die grünen Kräutereinsprengel deutlich sehen.

Am einfachsten sind *rote Nudeln* zu fabrizieren. Sie geben einfach zum Grundrezept edelsüßes Paprikapulver hinzu. Und zwar rechnet man auf 1 Ei und 100 bis 125 g Mehl maximal 1 gehäuften Teelöffel Paprika. Beim Kochen hellt sich die Farbe zwar leider etwas auf; aber der zarte Paprikageschmack bleibt. Wer es gern scharf liebt, kann auch noch eine Messerspitze scharfen Rosenpaprika oder sogar roten Cayennepfeffer dazugeben.

Bei den *grünen Nudeln* geht es nicht ganz so einfach; aber die Mühe lohnt sich. Grüne Nudeln im Laden verdanken ihre Farbe meist Spinat oder gar einem Färbemittel. Da haben Sie beim Selbermachen wesentlich mehr Möglichkeiten. Man kann grüne Nudeln nämlich auch mit *frischen Kräutern* färben und im Geschmack beeinflussen. *Frische* Kräuter sollten es auf jeden Fall sein, denn mit getrockneten erreichen Sie längst nicht die satte grüne Farbe. Sollten Sie jedoch einmal gar nicht an frische Kräuter herankommen, dann weichen Sie die getrockneten mindestens eine Stunde in Wasser ein, drükken sie kräftig aus, damit nicht so viel Wasser in den Nudelteig kommt.

Bei frischen Kräutern gibt es verschiedene Variationen der Herstellung mit verschiedenen Ergebnissen. Geeignet ist fast jedes Kraut; Sie müssen später bei der Wahl der Soße nur ein bißchen aufpassen, daß Soße und Nudelgeschmack noch zusammenpassen. Verwenden können Sie also Petersilie, Dill, Schnittlauch, Selleriekraut, Kresse oder mittelmeerische Kräuter wie Thymian, Rosmarin, Salbei, Estragon, Zitronenmelisse oder auch das herrliche Basilikum. Dieses Basilikum wird später auch bei den Soßen noch einmal auftauchen.

Wie wird es gemacht?
Zunächst werden die Kräuter gewaschen, dann von den harten Stengeln gezupft und auf einem sauberen Küchentuch zum Trocknen abgelegt. Schneller geht es freilich, wenn man sie abtupft oder wie gewaschenen Salat in einem Küchentuch schwenkt. Wichtig ist nämlich, daß möglichst wenig Wasser in den Nudelteig kommt.

Anschließend die Kräuter so fein wie möglich hacken. Mit einem Universalzerkleinerer geht das blitzschnell. Ein Wiegemesser tut es allerdings auch.

Natürlich brauchen Sie sich nicht auf *ein* Kraut zu beschränken; Mischungen müssen Sie einfach ausprobieren. Außerdem kann man auch noch rohe Zwiebeln oder etwas Knoblauch dazutun, die mit den Kräutern fein zerkleinert werden. Selbstgemahlener Pfeffer läßt sich untermischen.

Damit die Nudeln ihre Festigkeit behalten und damit der Kräutergeschmack nicht alles übertönt, darf man auf 1 Ei mit der entsprechenden Menge Mehl wirklich nur eine kleine Prise Kräuter geben. Das ergibt einen Nudelteig mit einem naturfarbenen Grün, in dem sich viele kräftig-dunkelgrüne Sprenkel abheben. Selbst ganz fein gehackte Kräuter sind ja noch kein Pulver wie etwa Paprika; die kleinen Stückchen bleiben also immer sichtbar. Das sieht bei den Nudeln aber überaus appetitlich aus.

Je länger Sie den Teig mischen und kneten, um so gleichmäßiger wird seine Farbe. Zum Schluß bleibt nur ein Hellgrün ohne die Kräuterpunkte übrig. Bei Petersilie ist das Grün heller, bei Thymian dunkler. Natürlich spielt auch die Menge der Kräuter eine Rolle. Frischkräuter enthalten immer eine ganze Menge Saft; und deshalb braucht man in dem Teig weniger Ei. Sind es nur wenige Kräuter, so genügt einfach etwas mehr Mehl, ansonsten lassen Sie — je nach Menge — einfach 1 bis 2 Eier weg.

Am gebräuchlichsten ist das Grünfärben mit *Spinat*. Tiefgekühlter, feingehackter Spinat wird aufgetaut und in einem sauberen Baumwolltuch ausgepreßt; denn dieser Spinat enthält eine ganze Menge Saft, der den Nudelteig viel zu feucht machen würde. Für eine dunkelgrüne Färbung brauchen Sie folgende Mengen:

---

200 g tiefgekühlter Spinat
1 Ei
250 bis 300 g Weizenmehl
evtl. eine Prise Salz

An diesen Mengen sehen Sie schon, daß der Eigehalt dieser Nudeln doch wesentlich geringer ist.
Wenn Sie frischen Spinat verwenden, dann wird das Verhältnis von Ei zu Mehl wieder günstiger. Man wäscht die Blätter, gibt sie etwa 1 Minute in kochendes Wasser, entfernt dann die faserigen Stiele und preßt wieder mit Hilfe eines Baumwolltuches den Saft heraus. Hier die Mengen:

---

100 g frischer Spinat
1 Ei
200 bis 250 g Weizenmehl
evtl. eine Prise Salz

Die gesunde Abwechslung: Vollkornnudeln

Das ist eine echte Spezialität, die Sie im Laden nur schwer bekommen werden. Nicht nur Müslifans wird das Herz lachen, sondern allen, die inzwischen begriffen haben, daß Füllstoffe in der Nahrung sowie die Vitamine und Mineralien im Mantel des gesamten Korns für die Gesundheit überaus wichtig sind.

Geeignet sind für die Vollkornnudeln die verschiedensten Getreidearten: Roggen, Gerste, Hafer, Buchweizen, Grünkernweizen, Reis, Hirse und sogar die Bohnenart Soja. Wir haben all diese Sorten durchprobiert und dabei auch festgestellt, daß nicht jedes Mehl sich gleich gut zur Nudelherstellung eignet. Wir haben ja vorn schon gesagt, daß nur das Weizenmehl das Klebereiweiß enthält, das für eine gute Festigkeit des Teiges nötig ist. Deshalb haben wir in verschiedenen Fällen Mischungen mit Weizenmehl ausprobiert, um weniger geeignete Mehlsorten zu verbessern. Inzwischen bekommt man schon in verschiedenen Geschäften und vor allem in Bioläden fertiggemahlenes Roggen- und Sojamehl. Fast alle anderen Mehlsorten kann man sich entweder frisch beim Einkauf mahlen lassen, oder man beschafft sich sogar selbst eine *Getreidemühle*. Dann hat man wirklich die Gewähr, das Mehl unmittelbar danach zu verarbeiten. Viele wichtige Stoffe erhalten sich nämlich nur für wenige Stunden.

Abb. 21: Unsere Nudelküche ist zu einer Mühle für Vollkornmehl geworden.

Frisches Mehl aus der eigenen Mühle

Man muß ja nicht gleich ein Bio-Freak sein, um auf frischgemahlenes Vollkornmehl zu schwören. Wer nur ein bißchen auf seine Gesundheit achtet, weiß, daß es sich hier nicht nur um eine Mode handelt. So sind zum Beispiel die vielen Menschen, die an Verstopfung leiden, Opfer einer Ernährung, bei der ganz einfache Regeln mißachtet werden: Unsere Wohlstandsnahrung hat zu wenig Ballaststoffe. Das gilt auch für das blütenweiße Weizenmehl der Type 405, mit dem Nudeln ganz hervorragend gelingen, das aber nur aus dem weißen Stärkekörper des Korns besteht.

Vollkornmehl enthält sämtliche Bestandteile des Korns. Es ist deshalb nicht so fein und die Nudeln werden nicht ganz so glatt und geschmeidig. Und außerdem kann man dieses Mehl nicht überall kaufen. Da bleibt oft nur das Selbermahlen.

Wir haben eine ganze Reihe von Mühlen ausprobiert und uns bei der Auswahl von der Vorarbeit der *Stiftung Warentest* leiten lassen (im Maiheft 1984 von *test* sind 28 Mühlen ausprobiert

Abb. 22: Handbetriebene Mühlen sind billig und trotzdem sehr leistungsfähig.

worden). Wir haben uns auf einen Querschnitt von Geräten konzentriert, der in diesem Test die Note „gut" erhalten hat. Wir wollen hier diesen Test nicht wiederholen, sondern Ihnen nur weiterhelfen, indem wir Ihnen von unseren ganz praktischen Erfahrungen berichten.

Bei den Mühlen gibt es einen grundlegenden Unterschied, der sich hauptsächlich im Preis niederschlägt: das preiswertere Stahlkegel-Mahlwerk und das teurere Keramik-Mahlwerk, das den Naturstein in den großen Mühlen ersetzen soll. Ob Stahl oder Keramik besser ist, darüber streiten sich die Fachleute.

Wir finden, daß es entscheidender ist, ob Sie sich für eine handbetriebene oder eine elektrische Mühle entscheiden. (Über die verschiedenen Modelle geben wir Ihnen im Anhang Auskunft.) Bei einer handbetriebenen Mühle brauchen Sie doch eine ganze Menge Muskelkraft. Wer häufiger Mehl mahlen will, das ja auch zum Brotbacken hervorra-

gend geeignet ist (die Anleitung dazu finden Sie im *HOBBYTHEK-BUCH 2* und im *Großen HOBBYTHEK-BUCH vom Essen/1*), der sollte sich doch für elektrischen Antrieb entscheiden. Und da gibt es nun verschiedene Modelle, die entweder als Vorsatzgerät zum elektrischen Fleischwolf konstruiert sind oder die an Mehrzweck-Küchenmaschinen angeflanscht werden können.

Während man eine handbetriebene Mühle schon für unter 100 Mark be-

Abb. 23: Links: Mühlenaufsätze gibt es auch für eine bereits vorhandene Küchenmaschine; *rechts:* zwei Modelle von elektrisch betriebenen Vollkornmühlen.

kommt, sind Mühlen als Vorsatzgerät zum Fleischwolf etwas teurer; so um die 130 Mark. Bei diesen Mühlen gibt es allenfalls beim Roggen Probleme, weil er häufig nicht vollständig getrocknet zu haben ist. Er verklebt dann leicht das Mahlwerk. Wir haben dieses Problem dadurch in den Griff bekommen, daß wir die Roggenkörner auf einem Backblech bei niedrigster Temperatur etwa 10 Minuten im Ofen trocknen ließen.

Bei den Mühlen, die man Mehrzweck-Küchenmaschinen anflanscht, haben wir sowohl solche mit Stahlkegel-Mahlwerk wie mit Keramik-Mahlwerk ausprobiert. Vor allem die Keramik-Mahlwerke sind doch ziemlich teuer, ohne daß sie deutlich besser arbeiten würden als die Kegelmahlwerke.

Wenn Sie Vollkorn mahlen wollen, müssen Sie berücksichtigen, daß auch der Kleieanteil — also Schale, Keimling und andere Randschichten des Korns — im Mehl enthalten sind. Diese Bestandteile lassen sich niemals so stark zerkleinern wie die Stärke im Inneren des Korns. Entsprechend gröber ist das Vollkornmehl und entsprechend weniger glatt wird die Oberfläche der Nudeln. Das muß man einfach akzeptieren. Wem die Vorteile für die Gesundheit besonders wichtig sind, der wird damit auch keine Probleme haben.

Trotzdem sollte man natürlich auch Vollkornmehl für die Nudelherstellung so fein wie möglich mahlen. Und da gibt es einen Trick, den wir Ihnen hier verraten wollen:

Möglichst feines Mehl erhalten Sie, wenn Sie die Getreidemühle zunächst etwas gröber einstellen und die Körner einmal durchlaufen lassen. Natürlich entsteht bei diesem Durchgang nur ein

sehr grobes Mehl, das Grieß oder dem vorhin schon genannten Dunst ähnlich ist. Erst in einem zweiten Mahlgang nehmen Sie die feinste Einstellung. Auf diese Weise wird das Mehl gleichmäßiger und insgesamt feiner, als wenn man es zweimal auf der feinsten Stufe mahlt. Dann entsteht nämlich beim ersten Durchlauf ein sehr ungleichmäßiges Mehl, bei dem die Schalenteilchen ziemlich grob und die Stärkebestandteile bereits sehr fein zerkleinert werden. Dieses ungleichmäßige Mehl würde auch beim zweiten Durchgang kaum feiner werden.

Mahlen Sie also beim ersten Mal grob und erst beim zweiten Mal fein.

Bei allen Mühlen hatten wir ein Problem beim Einstellen der Feinheit. Auf die Stufenangabe beim Reglerknopf kann man sich eigentlich nur selten verlassen. Drehen Sie also für die feinste Mahlstufe diesen Knopf einfach so fest wie möglich zu. Für die gröbere Ausmahlung dreht man ihn dann etwa eine halbe Umdrehung lockerer. Wenn Sie erst ein paarmal gemahlen haben, werden Sie bald selbst das nötige Gefühl für den Umgang mit diesen Maschinen bekommen.

Wenn Sie das Mehl mahlen lassen . . .
Möchten Sie Ihr Mehl beim Einkauf im Bioladen oder Reformhaus mahlen lassen, dann erkundigen Sie sich vorher, wie fein es wird. Oft gibt es nur Mühlen, die das Vollmehl ziemlich grob mahlen, weil es die meisten Leute ohnehin nur zum Brotbacken verwenden. Sagen Sie, wofür Sie das feine Mehl brauchen. Außer Weizenmehl kann man übrigens auch sehr feines Roggenmehl fertig gemahlen kaufen. Es handelt sich aller-

dings um ein Mehl ohne Schale und Keimling, das also dem normalen Weizenmehl der Type 405 entspricht.

Noch ein Wort zum Sojamehl: Auch dieses Mehl gibt es fertig gemahlen zu kaufen. Es enthält keine Schalenteile, weil die bei den Sojabohnen nur sehr schwer verdaulich sind.

Nudeln aus Vollmehl

Auch für diese Nudeln gilt das Grundrezept, das wir auf *Seite 19* genannt haben. Allerdings gibt es bei diesem gröberen Vollkornmehl einen Unterschied: den sogenannten *Nachsteifungseffekt*. Er besteht darin, daß dieses Mehl nicht so schnell und gleichmäßig die Feuchtigkeit aufnehmen kann wie zum Beispiel das Weizenmehl 405. Man muß den Nudelteig zunächst also etwas feuchter machen. Wenn man ihn 5 bis 10 Minuten zugedeckt stehenläßt, saugen sich die größeren Mehlteilchen allmählich voll Feuchtigkeit und der Teig wird fester und trockener.

Natürlich kann man auch aus Weizenkörnern ein Vollmehl herstellen. Oder wie wäre es, wenn Sie statt des normalen Weizens einmal Dinkelweizen nehmen, eine alte Weizensorte, die heute wieder in Süddeutschland angebaut wird? Man bekommt ihn in Bioläden oder im Reformhaus. Er schmeckt ausgesprochen lecker. Das gilt auch für Grünkern. Das ist Dinkelweizen, der noch grün geerntet worden ist.

Wir sagten schon, daß dieser Teig nicht die gleiche Elastizität wie einer aus feinem Weizenmehl hat. Beim Kneten und Ausrollen mit der Nudelmaschine wird deshalb die Oberfläche auch nicht völlig glatt.

Wenn Sie beim Durchdrehen des Teiges durch die glatten Walzen der Nudelmaschine zusammenhängende Teigplatten erhalten, brauchen Sie nicht weiter zu kneten, sondern können gleich auf feinere Stufen gehen. Ist das Korn nicht fein genug gemahlen, so beginnen die Teigplatten beim letzten Ausrollen — das ist normalerweise die vorletzte Stufe am Regelknopf — zu reißen. Sie müssen sich dann einfach mit der nächstdickeren Stufe begnügen. Alle übrigen Abläufe sind genauso wie oben beschrieben. Nur beim Kochen muß man berücksichtigen, daß die relativ großen Kornteilchen eine etwas längere Garzeit brauchen. Und da außerdem die Schalenteilchen an der Oberfläche der gekochten Nudeln leicht zum Kleben neigen, müssen Sie die Nudeln entweder abschrecken oder sofort mit Soße, Butter, Öl oder Sahne vermischen. Es hilft auch, wenn Sie etwas ins Kochwasser geben.

Getreide/Inhaltsstoffe, Brennwerte

Mittelwerte in 100 g eßbarem Anteil	Wasser g	Eiweiß g	Fett g	Kohlenhydrate g	Rohfaser g	Mineralstoffe g	Phosphor mg	Vitamin E mg	Thiamin µg	Riboflavin µg	Nicotinamid mg	Pyridoxin mg	kcal	kJ
Ganzes Korn														
Weizen	13,2	11,7	2,0	69,3	2,0	1,8	406	3,2	480	140	5,1	0,44	363	1520
Roggen	13,7	11,6	1,7	69,0	2,1	1,9	373	—	350	170	1,8	—	359	1503
Hafer, entspelzt	13,0	12,6	7,1	62,9	1,5	2,8	342	3,2	520	170	2,4	0,96	387	1620
Gerste, entspelzt	11,7	10,6	2,1	71,8	1,5	2,3	342	4,2	430	180	4,8	1,7	370	1549
Mais	12,5	9,2	3,8	71,0	2,2	1,3	256	9,5	360	200	1,5	1,7	375	1570
Geschältes Korn														
Buchweizen	12,8	9,8	1,7	72,4	1,6	1,7	254	—	240	150	2,9	—	364	1524
Hirse	12,1	10,6	3,9	70,7	1,1	1,6	310	—	260	140	1,8	—	382	1599
Reis (unpoliert)	13,1	7,4	2,2	75,4	0,7	1,2	325	—	410	91	5,2	—	371	1553
(poliert)	12,9	7,0	0,6	78,7	0,2	0,5	120	—	60	32	1,3	—	368	1540

aus dem Buch „Dr. Oetker: Von A wie Aal bis Z wie Zwiebel"

Abb. 24

Nudeln aus den verschiedensten Körnern

Roggennudeln

Roggen ist neben dem Weizen das zweitwichtigste Getreide für unser Brot. Da unterscheiden wir uns von den meisten anderen Ländern, in denen es fast nur Weißbrot gibt. Dabei enthält Roggen ein vollwertigeres und für unsere Ernährung wertvolleres Eiweiß als der Weizen. Allerdings fehlt ihm — wie vorn schon gesagt — der Kleber. Das Roggeneiweiß selbst bindet nur wenig Wasser. Viel Wasser hingegen binden die sogenannten *Pentosane*. Das sind Schleimstoffe, die im kalten Wasser

quellen und letzten Endes den Roggen mehr Feuchtigkeit aufnehmen lassen als Weizen. Deshalb erhöht sich die Mehlmenge auf ein Ei auf ungefähr 110 bis 140 g.
Diese Pentosane sind es auch, die die Oberfläche der Nudeln evtl. etwas schleimiger werden lassen als bei Weizennudeln. Das hat uns aber nicht weiter gestört.

Hafernudeln

Der Hafer ist unter allen Getreidesorten die ernährungsphysiologisch wertvollste Art. Er enthält besonders hochwertiges Eiweiß, und auch sein Fettgehalt liegt deutlich höher. Dieses Fett setzt sich zum großen Teil aus essentiellen Fettsäuren zusammen und es ist außerdem vitaminhaltig. Nicht zuletzt deshalb spielt Hafer eine besondere Rolle bei der Säuglingsernährung.
Hafer hat zwar auch keinen Kleber; allerdings wirkt das pflanzliche Eiweiß

Abb. 25: Aus diesen Körnern kann man Vollkornmehl für Nudeln, aber auch für Kuchen und Brot mahlen. *Von links oben nach rechts unten:* Hafer, Roggen, Weizen, Reis, Hirse, Buchweizen.

hier etwas bindend. Mit dem Hafer hatten wir deshalb nach dem Weizen auch die geringsten Schwierigkeiten.

Auch hier gibt man pro Ei etwa 110 bis 140 g Vollkorn-Hafermehl dazu.

Gerstennudeln

Gerste wird hauptsächlich zum Bierbrauen verwendet. Es gibt aber auch ein sehr wohlschmeckendes Gerstenbrot und schließlich die für manchen nicht ganz so attraktiven Graupen. Aus diesen Graupen kann man ein sehr gutes Vollkornmehl mahlen, aus dem sich recht gut Nudeln herstellen lassen.

Reisnudeln

Diese Nudeln haben einen sehr interessanten Geschmack. Allerdings sind diese Nudeln nicht ganz einfach herzustellen, da dem Reismehl so gut wie jeder Kleber fehlt. Es ist deshalb auch zum Backen ungeeignet.

Auch unsere ersten Versuche scheiterten, bis wir das Reismehl mit Weizenmehl mischten. Eine Halb-und-halb-Mischung aus Reis- und Weizenmehl läßt sich völlig problemlos verarbeiten. Da wir aber den Reisgeschmack besonders schätzen gelernt haben, wollten wir den Weizenanteil möglichst gering halten. Wir haben deshalb weiterprobiert und sind schließlich zu einem Teig aus 100% Reismehl gekommen, den wir einfach mit Öl geschmeidig gemacht haben. Und schließlich haben wir 100% Reismehl dadurch verarbeiten können, indem wir statt ganzer Eier nur Eidotter in den Teig gegeben haben. Davon allerdings entsprechend mehr. Wichtig ist beim Reis, daß man nur *geschälten* verwendet. Mit ungeschältem Reis klappt es leider überhaupt nicht. Und hier die drei Grundrezepte.

1. Grundrezept für Reisnudeln:

200 g Reismehl
(aus geschältem Reis)
100 g Weizenmehl
3 Eier
1 Prise Salz

2. Grundrezept für Reisnudeln:

250 g Reismehl
(aus geschältem Reis)
2 Eigelb
1 ganzes Ei
4 bis 5 TL Speiseöl
1 Prise Salz

3. Grundrezept für Reisnudeln:

200 g Reismehl
(aus geschältem Reis)
5 Eigelb
1 Prise Salz

Abb. 26: Unsere Reisnudeln.

Dieser Teig wird allerdings nicht so elastisch wie ein Nudelteig aus Weizenmehl. Aber er läßt sich beim Ausrollen zu zusammenhängenden Teigplatten verarbeiten, die nicht reißen. Die übrige Verarbeitung geht wie oben beschrieben. Auch diese Nudeln können sofort gekocht oder zum Trocknen abgelegt werden.

Beim Kochen gibt es allerdings einen Unterschied, den Sie vom Reis her kennen. Ganz normaler Reis wird ja auch nur aufgekocht und dann zum Quellen heißgehalten. Das gilt auch für die Reisnudeln. Lassen Sie sie kurz aufwallen und anschließend 4 bis 5 Minuten garziehen. Getrocknete Reisnudeln müssen etwa 10 Minuten im heißen Wasser bleiben; das richtet sich auch etwas nach der Dicke. Im Übrigen Reisnudeln beim Kochen und Anrichten möglichst wenig rühren. Sie brechen nämlich leicht. Aber wenn Sie erst einmal den wirklich aromatischen Geschmack dieser Nudeln probiert haben, dann werden Sie darauf nicht verzichten wollen.

Hirsenudeln

Da Hirse auch bei relativ großer Trockenheit und auf Sandböden wächst, ist sie in Afrika sehr verbreitet. Für unsere Rezepte haben wir geschälte Speisehirse zu Mehl vermahlen. Da reines Hirsemehl einen sehr unelastischen Nudelteig ergibt, haben wir es halb und halb mit Weizenmehl vermischt. Natürlich kann man sich hier auch mit denselben Tricks behelfen, die wir bei den Reisnudeln angegeben haben.

Hirsenudeln schmecken relativ neutral, und sie lassen sich deshalb zu sehr vielen Rezepten verwenden. Für Salate sind sie hingegen weniger geeignet, weil sie da leicht zerfallen.

Buchweizennudeln

Genaugenommen ist Buchweizen gar keine Getreideart, sondern ein Knöterichgewächs. Er hat den Vorteil, auch in

35

sehr trockenen Gebieten zu wachsen. Kaufen Sie Buchweizen als ganzes Korn mit Schale und mahlen Sie es in der Getreidemühle. Geschälter Buchweizen eignet sich nicht so gut. Das Grundrezept entspricht dem von Reisnudeln.

Sojanudeln

Auf die Vorzüge der Sojabohne sind wir im *HOBBYTHEK-BUCH 8* und im *Großen HOBBYTHEK-BUCH vom Essen/2* sehr ausführlich eingegangen. Sojabohnen bestehen zu einem guten Drittel aus hochwertigem Protein. Es enthält alle 8 lebenswichtigen Aminosäuren und es ist dadurch in seiner Zusammensetzung dem tierischen Eiweiß ähnlich. Eine halbe Tasse Sojabohnen enthält ungefähr ebensoviel vergleichbares Eiweiß wie ein 150 g schweres Steak.

Natürlich wollten wir alle diese Vorteile auch für die Nudeln nutzen. Allerdings gibt es da ein Problem: Sojamehl ist im rohen Zustand nur sehr schwer verdaulich. In den genannten HOBBYTHEK-BÜCHERN sind wir darauf ausführlich eingegangen. Es kann uns hier genügen, daß man mit Hilfe eines ganz einfachen Tricks dieses Eiweiß für den menschlichen Körper nutzbar machen kann. Man röstet das Sojamehl einfach. Nun gibt es das auch zur Nudelherstellung geeignete Sojamehl bereits fertig gemahlen und geröstet in Bioläden oder Reformhäusern. Achten Sie aber darauf, daß Sie auf keinen Fall entfettetes Sojamehl bekommen, weil das in der Sojabohne enthaltene Öl bei der Nudelherstellung eine wichtige Rolle spielt. Es macht den Teig geschmeidiger. Und das brauchen wir auch, weil Nudeln aus Sojamehl nicht ganz einfach herzustellen sind.

Einen elastischen Teig erhalten wir durch Mischung mit Weizenmehl. Wenn Sie trotzdem Probleme haben, können Sie noch etwas Öl oder mehr Eigelb zum Teig geben. Den höheren Anteil von Flüssigkeit gleichen Sie durch Weizenmehl aus.

Hier das Grundrezept:

---

100 bis 120 g Sojamehl
(nicht entfettet)
100 bis 120 g Weizenmehl
2 Eier
1 Prise Salz

Je höher der Weizenmehlanteil wird, um so einfacher läßt sich der Nudelteig herstellen. Allerdings erreicht man schnell den Punkt, an dem man nicht mehr von Sojanudeln sprechen kann. Auch über den Geschmack von Sojanudeln gibt es keine ganz einheitliche Meinung. Da müssen Sie einfach selbst einmal probieren. Am besten schmecken sie uns mit Käse überbacken und mit einer pikanten Soße serviert.

Rezepte, Rezepte . . .

Frische, selbstgemachte Nudeln schmecken so gut, daß man nur ganz wenige weitere Zutaten für eine komplette Mahlzeit braucht. Bei getrockneten Nudeln ist das anders; sie verlieren schon nach wenigen Tagen an Geschmack.

Deshalb raten wir: Nudelteig ausrollen, schneiden und kochen und dann *Butter* in der Pfanne schmelzen und unter die Nudeln mischen, evtl. gehackten *Knoblauch* mit in die Pfanne geben, oder *Zwiebeln* oder *Semmelbrösel* mitrösten. Sehr gut schmecken auch frische *Kräuter*. Oder wie wäre es mit einer Mischung aus *Öl* und *Knoblauch*, ein Rezept, das man italienisch „Olio et Alio" nennt? Die Nudeln sehen wie gar nicht angemacht aus, haben es aber selbst für Feinschmecker in sich.

Auch *Champignonscheiben*, frische *Pfifferlinge* und andere Pilze kann man in Butter andünsten und mit den Nudeln vermischen. Und sehr gut schmecken blanchierte *Gemüse* wie Brokkoli, Auberginen, Zucchini, Tomaten, Paprikastreifen, Spinat usw.

Gerade bei solchen einfachen Gerichten ist das Aussehen besonders wichtig. Und da haben Sie bei den Nudeln ja viele Möglichkeiten. Grüne Nudeln und grüner Brokkoli sind gewissermaßen eine Mahlzeit Ton in Ton. Helle rote und grüne Nudeln, gemischt mit Butter und gerösteten Semmelbröseln, sehen nicht nur herrlich aus, sondern schmecken auch so. Streuen sie zum Schluß einige frische, gehackte Kräuter darüber. Auch hier gibt es vielfältige Möglichkeiten der Mischung.

Auch nicht zu verachten sind Würfel von durchwachsenem *Speck*, die man in der Pfanne ausläßt und mit den Nudeln mischt.

Eine wahre Delikatesse sind *Weinbergschnecken* aus der Dose, die man mit Knoblauch in Butter brät und mit hellen oder grünen Nudeln serviert, über die frische Kräuter gestreut werden.

Helles, festes *Fischfilet* in Stücke zerteilt, in Butter gebraten, mit Zitronensaft überträufelt und mit roten Nudeln gemischt — ein solches Gericht haben Sie sicher noch nirgendwo bekommen.

Man kann auch noch *Muscheln* oder *Krabben* dazugeben.
Statt Butter kann man natürlich auch süße *Sahne* in die Pfanne geben, etwas einkochen lassen, bis sie eine soßenartige Konsistenz hat. Gewürzt wird mit Salz, frischgemahlenem Pfeffer, evtl. Knoblauch und Kräutern.
Eine Sahnesoße kann man aber auch noch anders zubereiten: Die Zutaten vorher in Butter braten und dann in die eingekochte Sahnesoße geben.

Nudeln und Käse
Nudeln und Käse sind eine klassische Kombination. Bei den meisten italienischen Rezepten wird geriebener *Parmesankäse* über die Gerichte gegeben. Man kann aber auch andere Hartkäsearten dafür verwenden. Für den Parmesankäse gibt es spezielle Mühlen, mit denen man den festen Käse frisch über das Gericht reiben kann. So schmeckt Parmesan nämlich am besten. Von dem fertiggeriebenen Käse in Plastikbeuteln kann man eigentlich nur abraten. Er ist nicht nur teuer; er schmeckt auch nicht besonders. In gu-

Abb. 27: Ein ebenso einfaches wie wohlschmeckendes Nudelgericht: Olio et Alio (Nudeln mit Öl und Knoblauch).

ten Käsegeschäften kann man sich den Parmesan auch frisch reiben lassen. Aber probieren Sie doch auch einmal andere Käsesorten aus. So schmeckt z.B. frisch geriebener *Emmentaler* oder auch *Gruyere* ganz ausgezeichnet. Man kann den Käse entweder bei Tisch über die Nudeln streuen — wie es in italienischen Restaurants üblich ist — oder ihn auch im Backofen kurz überbacken. Dann erhalten die Gerichte eine schön aussehende und sehr gut schmeckende Kruste.

Aus unserer Nudelsaucen-Küche

Saucen sind ohnehin die Krönung der Küche. Aber bei Nudeln spielen sie eine ganz besondere Rolle, und deshalb wollen wir hier den Saucen einen längeren Abschnitt widmen.

Die klassischen Saucen zu Nudeln sind die

Tomatensaucen

In Italien gibt es davon unzählige Rezepte. Nicht nur jede Gegend, sondern jede Familie schwört auf ihr eigenes. Natürlich können Sie die verschiedenen Rezepte, die wir Ihnen hier anbieten, nach eigenem Geschmack variieren.
Der Unterschied fängt schon bei der Zeit des Kochens an. Normalerweise heißt es, daß eine Tomatensoße stundenlang köcheln müßte, um die richtige Konsistenz und den klassischen Geschmack zu bekommen. Das erfordert aber viel Zeit und nimmt außerdem den Zutaten ihre Vitamine. Allerdings hat der Geschmack tatsächlich einiges für sich. Den Zeitgesichtspunkt kann man dadurch entschärfen, indem man die Sauce gewissermaßen auf Vorrat kocht

Abb. 28: Nudeln und Käse — die klassische Kombination. Auf dem Tisch links sehen Sie eine praktische und zugleich schöne Reibe für Parmesankäse.

und portionsweise einfriert. Das geht nämlich bei diesen Tomatensaucen ausgesprochen gut.
Ein weiterer Punkt ist: *frische* Tomaten oder Tomaten *aus der Dose*? Frische Tomaten sind durchaus eine gute Sache, vorausgesetzt, daß sie aromatisch schmecken wie z.B. rote Fleischtomaten oder Eiertomaten oder gar Tomaten aus dem eigenen Garten, die genügend Sonne mitgekriegt haben.
Wenn Sie im Winter nur die etwas faden Gewächshaus-Tomaten aus Holland

bekommen, ist es immer noch besser, die geschälten italienischen Tomaten aus der Dose zu verwenden. Sie sind nicht nur sehr aromatisch, sondern preiswert und bereits enthäutet, was die ganze Kocherei sehr vereinfacht. Natürlich kann man auch frische Tomaten enthäuten, indem man sie kurz in kochendem Wasser ziehen läßt, hinterher mit einem Küchenmesser kreuzweise die Schale anritzt und abzieht, die Tomaten viertelt, die Kerne herausholt und das Fleisch kocht. Einfacher geht es, wenn man die frischen Tomaten geviertelt kocht und dann durch ein Sieb passiert. Die Kerne kann man freilich auch in der Sauce lassen.

Ein Wort noch zum *Öl*: Die echte italienische Tomatensauce wird natürlich mit Olivenöl zubereitet. Wer aber diesen Geschmack nicht mag, kann auch das neutrale Sonnenblumenöl, Distel- oder Keimöl nehmen oder sogar Butter.

Wenn Sie aber Olivenöl verwenden, dann nehmen sie das aromatische kaltgepreßte. Selbst wenn man es nur zum Anbraten verwendet, verfeinert es die Sauce spürbar.

Schließlich ist das frische *Basilikum* in unseren Rezepten zu manchen Jahreszeiten ein Problem. Getrocknetes Basilikum schmeckt schärfer und pfeffriger als das Frische, das einen dezenteren und aromatischeren Geschmack hat. Im Sommer kommt man relativ leicht daran. Es gibt es in kleinen Töpfchen zu kaufen, die man in einer warmen und geschützten Ecke des Balkons oder Gartens sogar im Freien weiterwachsen lassen kann. Im Winter werden Sie sich auf getrocknetes Basilikum beschränken müssen.

Gekochte Tomatensauce

Hier die Zutaten für 4 Portionen:

> 1 EL Olivenöl
> 1 EL Butter
> 1 Zwiebel, fein gehackt
> 1—2 Knoblauchzehen, gepreßt
> 1 Dose enthäutete Tomaten (425 ml)
> 1 kleine Dose Tomatenmark (70 g)
> 2 Lorbeerblätter

> ½ Bund frische Petersilie oder Basilikum oder eine gute Messerspitze getrocknetes Salbei
> 1 TL Zucker
> Salz, schwarzer Pfeffer, frisch gemahlen/oder getrockneten grünen Pfeffer

Zwiebel und Knoblauch werden in Fett gebraten, geschnittene Tomaten, Tomatenmark, Lorbeerblätter, gehackte Kräuter und restliche Gewürze dazugeben. Die Sauce nur etwa 5 Minuten lang kochen. Dann die Lorbeerblätter herausnehmen und fertig ist die Sauce. *Eine Variante*: Speckwürfel anbraten, einen Teelöffel Kapern oder zwei Teelöffel Zitronensaft dazugeben, zwei bis drei Eßlöffel süße Sahne untermischen und mit zwei bis drei Eßlöffeln Weißwein abschmecken.

Sauce Bolognese (Fleischsauce)

Diese Sauce gehört zu dem wohl bekanntesten italienischen Gericht, zu den Spaghetti Bolognese. Von dieser Sauce gibt es die meisten Variationen. Hier die unsere für 4 Portionen:

> 50 g durchwachsener Speck, gewürfelt
> 1 EL Butter
> 1 EL Olivenöl
> 250 g Hackfleisch
> 1 Dose Tomaten (425 ml)
> 1 Zwiebel, gewürfelt
> 1 dünne Porreestange
> 1 Möhre
> 2 Lorbeerblätter
> 5 Blätter frisches Basilikum oder Salbei oder etwas frische Petersilie
> 1 gestr. TL Salz

> 1 Prise Zucker
> Pfeffer, Muskatnuß
> evtl. 2 EL Weißwein
> evtl. 1 kleine Dose Tomatenmark (70 g)

Der Speck wird angebraten, Öl, Butter und Hackfleisch dazugegeben und kurz weitergebraten. Fleisch aus der Pfanne holen, um Platz fürs Gemüse zu schaffen. Zwiebel, Porree, Möhre kleingeschnitten anbraten. Dann das Fleisch wieder dazugeben. Die Dosen-Tomaten aufschneiden, Kerne herausholen, das Tomatenfleisch mit dem Saft aus der Dose in die Pfanne geben. Zum Schluß die Gewürze unterrühren, die man je nach Geschmack auch noch um Oregano, Majoran oder Thymian ergänzen kann. Das Tomatenmark gibt man dazu, wenn die Sauce schön rot aussehen soll.

Wir fanden, daß die Sauce sehr gut schmeckt, wenn man zum Schluß alles nur etwa 5 Minuten kochen läßt. Wer die Soße sämiger haben möchte, kann sie mit einem Pürierstab durchrühren. *Varianten*: Man kann in die Fleischsauce auch verschiedene Gemüsesorten geben, wie z.B. Auberginen, Zucchini oder roten Paprika. Die Gemüse werden in größere Würfel oder Streifen geschnitten, mit Salz und Pfeffer gewürzt, angebraten und zum Schluß in die fertige Sauce gegeben. Kochen Sie die Gemüse nicht mit, damit sie nicht zu weich werden.

Sie können diese Sauce ruhig solange warm halten, bis die Nudeln gekocht und abgetropft sind.

Diese Fleischsauce ist eine Art Standardsauce, die auch sehr gut geeignet ist für Cannelloni, Lasagne und andere Aufläufe.

Und schließlich können Sie diese Sauce einfach mit gekochten Nudeln mischen, in eine feuerfeste Form geben, geriebenen Käse darüber streuen und das Ganze im Backofen überbacken.

Rohe Tomatensauce

Hier die Zutaten für 4 Portionen:

> 2 Dosen Tomaten (je 450 ml)
> 2 Knoblauchzehen
> frisches Basilikum, Petersilie, Salbei oder Estragon
> Salz
> frischgemahlener schwarzer Pfeffer
> 1 Prise Zucker
> 1 EL geriebener Käse

Schütten Sie die Tomaten in ein Sieb und lassen Sie sie abtropfen. Dann aufschneiden und die Kerne herausschaben. Pressen Sie die Knoblauchzehen und hacken Sie die frischen Kräuter. Anschließend kommt alles zusammen in den Mixer oder wird mit einem Pürierstab zerkleinert. Wenn Sie keinerlei Gerät haben, können Sie die Tomaten auch sehr fein würfeln und evtl. noch mit einem Kartoffelstampfer zerdrücken.

Die Sauce soll mindestens zwei Stunden ziehen. Serviert wird sie mit sehr heißen Spaghetti und geriebenem Käse. Ein vitaminreiches und zugleich sehr kalorienarmes Gericht.

Italienisches Pesto

Auch diese Sauce wird kalt angerührt und gegessen. Das berühmte italienische Pesto wird stets aus Olivenöl, Knoblauch, Parmesan, Pinienkernen und viel frischem Basilikum zubereitet. Hier die Zutaten des Original-Rezeptes:

> 3 Tassen Basilikumblätter
> (20 Stiele)
> 2—3 Knoblauchzehen
> 20 g (= 2 EL) Pinienkerne
> 1 Tasse Olivenöl, kalt gepreßt
> Salz
> 1/2 Tasse geriebenen Parmesankäse

Bei dieser Sauce müssen alle Zutaten möglichst fein zerkleinert werden; etwa so wie fertiger, tiefgekühlter Spinat. Man braucht also eigentlich einen richtigen Mixer mit einem hohen Kunststoffaufsatz für die Küchenmaschine. Zur Not geht es aber auch mit einem guten Mörser.

Das frische Basilikum wird gewaschen, mit einem sauberen Küchentuch trockengetupft und zusammen mit Knoblauchzehen und Pinienkernen fein zerkleinert. Dann gibt man Salz und Olivenöl dazu und zum Schluß den geriebenen Parmesankäse.

Pesto kann man in gut verschlossenen Gläschen mehrere Wochen lang im Kühlschrank aufbewahren. Man hat dann immer einen ganz hervorragenden Saucenvorrat, den man nur noch unter die frischgekochten Nudeln mischen muß.

Man braucht von dieser Sauce übrigens nur zwei/drei Teelöffel pro Portion.

Hier eine *Variante* für den Fall, daß sie kein frisches Basilikum bekommen; getrocknetes eignet sich hier nämlich ganz und gar nicht:

> 2 Tassen frische Kresse
> 1 Tasse frische Petersilie
> 2—3 Knoblauchzehen
> 4 Walnüsse
> 1 Tasse Olivenöl, kalt gepreßt
> 1/2 TL Salz
> 2 EL geriebener Emmentaler

Das ist natürlich keine Basilikum-Sauce; wir finden aber, daß diese Variation ausgesprochen gut schmeckt.

Thunfischsauce

Auch diese Sauce ist ganz einfach zuzubereiten. Sie brauchen dafür:

> 150 g Thunfisch aus der Dose
> 1 EL Olivenöl
> 1/2 Zwiebel, gehackt
> 2 Knoblauchzehen, gepreßt
> 100 g Fenchelknolle, gehackt
> 1 Dose Tomaten (425 ml)
> 1/2 TL getrocknetes Basilikum
> 1/2 TL getrocknetes Oregano
> 1 TL Salz
> frischgemahlenen Pfeffer
> 4 EL süße Sahne oder Wasser
> 1 gehäuften TL Speisestärke

Zwiebel, Knoblauch und Fenchel werden in heißem Öl angebraten, Tomaten einschließlich ihrem Saft dazugegeben, Thunfisch mit dem Öl aus der Dose zerkleinert und mit den Gewürzen gemischt. Alles in einen Topf geben.

Die Stärke rühren Sie mit der Sahne oder mit dem Wasser in einer Tasse an und gießen sie zum Andicken in die kochende Sauce. Nur kurz aufkochen, dann ist alles fertig. Streuen Sie zum Schluß noch frisch gehackte Petersilie

Abb. 29: Ein uraltes Rezept: Nudeln mit Tomatensauce.

Abb. 30:   Spaghetti Bolognese.

Abb. 31:   Eins der pikantesten italienischen Nudelgerichte: Pesto.

Abb. 32:   Die Zutaten für Fischsauce mit Muscheln.

Abb. 33:   Grüne Bandnudeln mit Kalbfleisch.

43

oder Schnittlauch darüber, dann sieht es noch schöner aus. Übrigens passen auch Kapern in diese Sauce.

Da es Fenchel immer nur in ganzen Knollen zu kaufen gibt, können Sie aus dem Rest zusammen mit Tomaten einen frischen Rohkostsalat bereiten.

Fischsauce mit Muscheln

Diese Sauce mit weißem Fischfleisch schmeckt zarter als die Thunfischsauce; sie ist eine ausgesprochene Delikatesse. Die Zutaten für 4 Portionen:

```
300 g frisches Seelachsfilet
1 Dose nicht angemachte Mies-
muscheln bzw. Vongole (250 ml)
100 ml süße Sahne
200 ccm Wasser
Saft einer halben oder ganzen
Zitrone
1 kleine Zwiebel
2 Knoblauchzehen, gepreßt
1 Möhre
1/2 Stange Porree
1/2 Fenchelknolle (200 g)
1 Lorbeerblatt
1 Messerspitze Thymian
1 gestrichener TL Zucker
1 gestrichener TL Salz
grüner getrockneter Pfeffer
frisch gemahlener schwarzer
Pfeffer
1 gehäufter TL Speisestärke
frischgehackter Dill
```

Geben Sie in einen Topf das Wasser, die ganze geschälte Zwiebel und den Knoblauch. Möhre, Porree und Fenchelknolle kleinschneiden und alles zusammen mit den Gewürzen 15 bis 20 Minuten kochen lassen. Zum Schluß

kommt der Zitronensaft dazu. Dieser Sud schmeckt noch sehr intensiv gewürzt und sauer; das gibt sich aber in der Mischung mit den anderen Zutaten. Topf vom Feuer nehmen, Zwiebel und Lorbeerblatt herausfischen. Das Gemüse wird im Sud mit einem elektrischen Pürierstab zerkleinert. Es entsteht eine dicke, grünliche Sauce, die erhitzt wird und in die das Seelachsfilet gewürfelt hineinkommt. Das Filet soll nicht kochen, sondern nur in der heißen Sauce gar ziehen, damit der Fisch zart und aromatisch bleibt.

Nach etwa 5 Minuten schütten Sie die Miesmuscheln mitsamt ihrem Saft dazu.

Rühren Sie nun mit einigen Eßlöffeln Sahne die Stärke an und geben Sie sie in die kochende Flüssigkeit. Die restliche Sahne unterrühren, alles einmal kurz aufkochen lassen und fertig ist die Sauce. Nur noch den frischgehackten Dill darüber streuen. Nehmen Sie davon nicht zuviel, weil er leicht bitter schmeckt.

Zur weiteren Garnierung kann man noch einige Krabben in die Sauce geben.

Indische Nudelsauce

Diese Sauce ist besonders pikant durch die Kombination von süßen Früchten und scharfem Curry. Das könnte Ihre Lieblings-Sauce werden.

Die Zutaten für 4 Portionen:

```
100—200 g Hühnerbrustfilet
1 EL Butter
1 Knoblauchzehe, gepreßt
1/2 Zwiebel, fein gehackt
1 Apfel
150 g Ananasstücke
```

```
1/2 Tasse Ananassaft
1 gehäufter TL Curry
1 gehäufter TL Honig
1/2 TL gekörnte Brühe
1 gehäufter TL Salz
150 ml süße Sahne
evtl. Pfeffer
```

Lassen Sie die Butter in der Pfanne zergehen und geben Sie Knoblauch und Zwiebel dazu. Das Hühnerfilet in kleine Würfel schneiden, kurz anbraten und wieder aus der Pfanne nehmen, damit es nicht zäh wird. Dann den geschälten und klein gewürfelten Apfel und die Ananasstückchen, die Sie möglicherweise auch noch einmal durchschneiden, mit den Gewürzen und der Sahne in die Pfanne tun. Zusammen mit dem Hühnerfleisch noch einmal aufkochen lassen.

Zu diese Sauce passen blättrig geschnittene Mandeln, die man vorher in der Pfanne oder im Backofen leicht anröstet.

Man kann aber auch noch Gemüse hinzufügen, oder gedünstete Champignons oder grünen Paprika. Auch mit anderen Fleischsorten oder hellem Fischfilet läßt sie sich kombinieren; Sie sehen, daß diese Sauce vielfältig abwandelbar ist.

Tagliatelle oder Fettucien mit Steinpilzen

Diese wunderbare Sahnesauce hat uns *Bepi* verraten, der Inhaber des gleichnamigen italienischen Restaurants in Köln.

```
350 g frische Steinpilze oder
30—50 g getrocknete Steinpilze
2—3 EL Olivenöl
```

1—2 Zwiebeln
2—3 Knoblauchzehen
125 g süße Sahne
200 g gekochter Schinken
2 EL frische Petersilie
375 g getrocknete Nudeln oder
300—375 g Mehl
3 Eier

Wenn Sie getrocknete Steinpilze nehmen, müssen diese 1 bis 2 Stunden vor dem Kochen in warmem Wasser eingeweicht werden. Das Einweichwasser wird anschließend weggeschüttet.
Die gehackten Zwiebeln werden in heißem Öl glasig gedünstet. Dann den Knoblauch, die Steinpilze, süße Sahne und den in Streifen geschnittenen Schinken dazugeben. Die Sahne etwas einkochen lassen. Anschließend wird die Sauce mit den frischgekochten Nudeln vermischt, gehackte Petersilie darübergestreut und serviert.
Natürlich kann man statt Steinpilzen auch andere Pilze verwenden, obwohl das spezielle Steinpilzaroma zu diesem Gericht besonders gut paßt. Wenn Sie nach unserer Anleitung Pilze selber züchten (vergleiche das *Große HOBBYTHEK-BUCH vom Essen/2*), dann können Sie natürlich auch Austernsaitlinge oder den überaus schmackhaften Shii take-Pilz verwenden (kann man nur selbst züchten). Sehr gut schmecken auch Pfifferlinge; und wenn gar nichts anderes zu bekommen ist, nehmen Sie halt Champignons.

Weiße Sauce (Bechamel)

Diese klassische Sauce ist hervorragend für Aufläufe und andere überbackene Nudelgerichte geeignet. Man verwendet sie vor allem für Lasagne und Cannelloni (vgl. ab *Seite 47*).

Die Zutaten:

2 EL Butter
2 EL Mehl
1 Tasse Milch
1 Tasse Sahne
2 gestrichene TL gekörnte Brühe
Salz
frisch gemahlener Pfeffer
Muskatnuß
2 TL Zitronensaft

Zunächst wird eine sogenannte Mehlschwitze zubereitet. Zerlassen Sie dazu Butter in der Pfanne und verrühren Sie darin das Mehl mit einer Gabel. Anschließend Milch und Sahne (es geht auch mit 2 Tassen Milch) dazugeben und unter kräftigem Rühren aufkochen lassen. Gewürze dazugeben und das Ganze warmhalten.
Diese Bechamel-Sauce hat den Nachteil, daß sie leicht fade schmeckt, wenn man sie nicht richtig würzt. Je nach Geschmack können das eine Knoblauchzehe, Schnittlauch oder Estragon sein. Ausgezeichnet schmeckt auch Sauerampfer, den man allerdings nur im Frühjahr und im frühen Sommer bekommt.
Wenn Sie in diese Sauce klein gewürfelten Gorgonzola rühren, wozu Sie die Pfanne vom Feuer nehmen müssen, dann erhalten Sie eine ausgezeichnete Käsesauce.

Grüne Bandnudeln mit Kalbfleisch

300 g Kalbfleisch
1 EL Butter
1 EL Öl
1 TL Speisestärke

1 Tasse Weißwein
½ Stange Porree
300 g Champignons
je eine Messerspitze Estragon und Salbei
Salz und Pfeffer
250 g süße Sahne oder
Crème fraîche

Das Kalbfleisch in dünne, mundgerechte Scheiben schneiden. In einer Schüssel verrühren Sie 3—4 Eßlöffel von dem Weißwein mit der Stärke (Mondamin), Salz und Pfeffer. Vermischen Sie diese Marinade mit den Fleischstückchen und lassen Sie sie 5 Minuten ziehen.
Dann Fett in der Pfanne erhitzen, Fleisch hineingeben und kurz anbraten. Anschließend alles aus der Pfanne nehmen. Kleingeschnittenen Porree und Champignonscheiben andünsten, Weißwein, Gewürze und Sahne hinzufügen, alles einige Minuten kochen, um die Flüssigkeit zu reduzieren. Das Fleisch hineingeben und abschmecken. Eventuell mit kalt angerührter Stärke etwas andicken.
Mit den Kräuternudeln vermischt servieren.

Spaghetti-Carbonara

200 g durchwachsener, geräucherter Speck
200 g süße Sahne
2 Eier
50 g geriebener Hartkäse
50 g Butter
schwarzer Pfeffer

Den Speck kleinschneiden und in der Pfanne anbraten. Sahne und Pfeffer dazugeben und aufkochen lassen. In einer Schüssel 2 Eier schlagen und mit dem Käse vermischen.

350 g getrocknete Spaghetti oder eine entsprechende Menge frische kochen, abtropfen lassen, in die Pfanne mit dem Speck und der Sahne geben und kurz erhitzen. Pfanne vom Feuer nehmen und die Butter mit der Ei-Käsemischung dazurühren. Das Ei soll dabei leicht stocken. Nach Geschmack evtl. mit Salz und Pfeffer nachwürzen.

Bamie Goreng

Dies ist eine ostasiatische Abwandlung in der Reihe unserer Nudelgerichte. Sie brauchen für 4 Portionen:

> 250 g getrocknete grüne Eier-
> nudeln (Bandnudeln)
> 4 EL Öl
> 2 Knoblauchzehen, gepreßt
> 450 g Schweinefleisch
> 4 Frühlingszwiebeln
> eine frische rote Chilischote
> 1 Stengel Staudensellerie
> 200 g Paprika, rot und grün
> 300 g Chinakohl
> 1 Prise Zucker
> 6 EL Sojasauce
> Salz und Pfeffer
> gehackten Schnittlauch

Das Öl erhitzen und darin das gewürfelte Fleisch mit dem Knoblauch kurz anbraten. Alles aus der Pfanne tun und statt dessen kleingehackte Frühlingszwiebeln, entkernte und kleingehackte Chilischote, in feine Streifen geschnittenen Staudensellerie und Paprika hineingeben und 2 Minuten dünsten. Feingeschnittenen Chinakohl oder ersatzweise Spitzkohl dazugeben und mit den Gewürzen kurz garen.

Für dieses Gericht nimmt man grüne Bandnudeln. Sie werden gekocht, abgegossen und noch in der Pfanne mit der Sauce gemischt. Vor dem Servieren können Sie über das Nudelgericht frische, kleingehackte Kräuter streuen.

Aufläufe und Überbackenes

Aufläufe schmecken mit frisch zubereiteten Zutaten natürlich am Besten. Aber man kann durchaus auch Dinge verwenden, die man auf Vorrat hat oder die vielleicht als Rest übriggeblieben sind. Außer frischen Nudeln kann man natürlich auch getrocknete nehmen; und statt einer frisch gekochten Fleischsauce kann man den Rest einer Sauce-Bolognese verwenden, den man eingefroren hat. Wenn Sie also einmal überraschend etwas kochen müssen, bei dem man die Improvisation nicht merken soll, dann sind Aufläufe und Überbackenes immer geeignet.

Lasagne

Lasagne ist ein klassisches italieni-

Abb. 34: Nudelaufläufe schmecken wunderbar.

46

sches Nudelgericht. Es besteht aus mehreren Schichten rechteckiger Teigplatten mit einer Saucenfüllung, die später überbacken wird. Wenn man alles frisch bereiten will, braucht man eine gewisse Vorbereitungszeit.

Sie benötigen mindestens zwei Saucen. Am besten eignen sich unsere *Fleischsauce* (vergleiche *Seite 40*) und die *Bechamel-Sauce* von *Seite 45*. Wir können uns hier also ganz auf die Herstellung der Teigplatten und die Zubereitung konzentrieren.

Sie brauchen für den Teig:

500 g Mehl
4 Eier

Wenn Sie aus optischen Gründen oder auch wegen des Geschmacks grüne, rote oder anders eingefärbte Teigplatten haben wollen, dann müssen Sie dem Grundrezept die entsprechenden Zutaten beimengen (vergleiche *S.27*). Die Teigplatten-Herstellung geht so: Die Zutaten werden gemischt wie beim

Grundrezept beschrieben und mit der Nudelmaschine ausgerollt. Stellen Sie evtl. eine Stufe dicker als bei Bandnudeln ein, weil die großen Lasagneplatten leicht einreißen. Die Breite der Streifen können Sie so lassen, wie sie aus der Maschine kommen. Die Länge schneidet man entsprechend der Größe der Auflaufform zurecht.

Die Teigplatten werden in sprudelndem Salzwasser gekocht. Geben Sie ruhig 1 bis 2 Teelöffel Öl dazu, weil die Platten wegen ihrer großen Oberfläche leicht zusammenkleben können. Sollte das tatsächlich einmal geschehen, dann trennen Sie die Platten noch im Kochwasser vorsichtig mit einem Pfannenwender oder Schaumlöffel. Nach dem Kochen und Abgießen sofort mit kaltem Wasser abschrecken und die Platten nebeneinander auf ein Tablett legen.

Für eine normale Lasagne benötigen sie nun sowohl eine *Fleischsauce* wie auch eine *Bechamel-Sauce*. Das auf *Seite 45* angegebene Rezept für die Fleischsauce müssen Sie verdoppeln, damit Sie bei einer Lasagne aus 500 g Mehl und mit 4 Eiern zurechtkommen. Diese Menge entspricht dann einer Mahlzeit für 4—6 Personen. Die Bechamel-Sauce wird nach den Mengenangaben von *Seite 45* zubereitet.

Legen Sie nun die gefettete Auflaufform mit den gekochten Teigplatten so aus, daß sie auch den äußeren Rand bedecken und noch überlappen. Machen Sie das möglichst sorgfältig, damit später keine Sauce herauslaufen kann. Auf diese erste Schicht von Nudelteig füllt man eine dünne Schicht Fleischsauce und darüber wieder Nudelteigplatten. Nun kommt eine dünne Schicht Bechamel-Sauce auf den Teig, darüber

Abb. 35:   Eine Lasagne wie beim „Italiener".

wieder Lasagne-Platten, wieder eine Schicht Fleischsauce, Lasagne-Platten, Bechamel-Sauce usw.

Eine richtige Lasagne sollte 5—8 Schichten Nudelteig enthalten. Wenn Sie noch höher aufschichten, dann dauert es zu lange, bis der Auflauf im Backofen fertig ist.

Bei der letzten oberen Nudelschicht werden die am Rand überlappenden Teigrechtecke zur Mitte hin eingeklappt, wodurch die Lasagne komplett geschlossen wird und Sauce nicht mehr herauslaufen kann. Wichtig ist, daß die Abschlußschicht unbedingt von *Bechamel-Sauce* gebildet wird. Zum Schluß wird noch etwas geriebener Käse darüber gestreut, damit sich im Backofen eine schöne Kruste bildet. Bedeckt man die oberste Schicht nicht mit Sauce, dann würde sie beim Bakken völlig austrocknen, steinhart und möglicherweise sogar dunkelbraun verbrannt sein.

Je nach Größe liegt die Backzeit des Auflaufs zwischen 30 und 60 Minuten bei einer Temperatur von 200° C. Stellen Sie nach dem Überbacken die Form heiß aus dem Backofen auf den Tisch. Topflappen und Untersetzer aber nicht vergessen.

Für Lasagne gibt es eine Menge *Variationen.* Hier ein paar zur Anregung:

Man kann zwischen die Schichten zusätzlich kleingehackte *Käsewürfel* oder geriebenen Käse streuen. Gut schmekken auch Streifen aus *gekochtem Schinken,* die man einfach dazwischenlegt.

Schließlich kann man die Fleischsauce aus *Rind-, Kalb-, Schweine-* oder *Hühnerfleisch* zubereiten.

Abb. 36: Auch der Rand der Form wird vor dem Füllen mit Nudelteig ausgelegt.

Eine weitere Variante erzielt man durch verschiedene *Gemüse,* die man kleingeschnitten dazwischenlegt, wie z.B. Auberginen oder Zucchini oder blanchierten Spinat. Auch angebratene frische Champignons schmecken sehr gut. Nicht zu vergessen die frischen Kräuter, die auch eine Lasagne sehr individuell würzen können.

Cannelloni
Auch dies ist eine italienische Spezialität, die aber noch etwas feiner ist und

die man durchaus als Sonntagsessen für die ganze Familie anbieten kann. Hier ist die Teigmenge für etwa 4 Personen:

375 g Mehl
3 Eier
1 Prise Salz

Den Nudelteig wie bei Lasagne ruhig eine Stufe dicker ausrollen als etwa Bandnudeln und die Streifen in Quadrate mit einer Kantenlänge von etwa 8—10 cm abschneiden. Auf keinen Fall größer schneiden als die Auflaufform breit ist; denn auch Cannelloni werden überbakken. Vorher die Platten wie bei Lasagne kochen.

Zur Füllung — wir beschreiben gleich, wie es geht — brauchen Sie wieder Saucen. Da wäre zunächst die *Tomatensauce,* die wir auf *Seite 40* beschrieben haben. Sie müssen die dort angegebene Menge verdoppeln.

Außerdem brauchen Sie noch die *Bechamel-Sauce* von *Seite 45.* In derselben Menge wie dort angegeben.

Und schließlich brauchen Sie noch eine Füllung aus folgenden Zutaten:

Abb. 37: Cannelloni; die „Rollen" aus gekochten Teigplatten und der Füllung werden in die Form gelegt und dann mit Bechamel-Sauce übergossen.

---

1 EL Butter
1 EL Olivenöl
1 Knoblauchzehe, gepreßt
1 Zwiebel, fein gehackt
500 g Hackfleisch
200 g gefrorenen Spinat
2 Eier
100 g süße Sahne
80 g geriebener Käse
1—2 EL frische, feingehackte
Petersilie
Salz, Pfeffer, Muskatnuß
evtl. 2 EL Weißwein

Lassen Sie den gefrorenen Spinat auftauen, geben Sie ihn in ein Tuch und drücken Sie das Wasser heraus.
Knoblauch, Zwiebel und Fleisch anbraten und den Spinat dazugeben.
Zwischendurch mit einem elektrischen Handrührer Ei und Sahne verrühren. Diese Mischung wird mit dem Hackfleisch und den anderen vorgebratenen Zutaten vermischt.

Geben Sie etwas von dieser Füllung auf das untere Drittel der Teigquadrate, die Sie dann zusammenrollen. Anschließend ²/₃ der Tomatensauce in die Auflaufform geben, die gerollten Cannelloni darauflegen, Bechamel-Sauce darübergießen. Wenn sie Ihnen zuviel Arbeit macht, dann können Sie sie notfalls auch weglassen. Darüber kommen das restliche Drittel der Tomatensauce und 2 Eßlöffel geriebener Käse.

Die Cannelloni werden bei 200° C etwa 15 bis 30 Minuten lang im Backofen gebacken. Wenn Sie es an Ihrem Herd einstellen können, dann zum Schluß nur mit Oberhitze. Sie werden sehen, daß diese Cannelloni ganz wunderbar schmecken. Natürlich ist der Aufwand nicht gerade gering. Für den, der es eilig hat, haben wir deshalb auch noch eine einfachere Form ausprobiert.

Sie können sich zum Beispiel das Zubereiten der Tomatensauce sparen, und schichten die Cannelloni-Rollen statt dessen auf Gemüse, das z.B. aus blanchiertem Spinat oder gedünsteten Zucchini, Auberginen oder frischen Tomatenscheiben bestehen kann. In diesem Fall werden die Cannelloni mit Bechamel oder Käse bedeckt.

Aber es gibt auch noch andere *Variationen* für Cannelloni, die allerdings nicht arbeitssparend wirken: Für die Füllung kann man Fleisch vom Rind, Schwein, Huhn, Kalb, Lamm und sogar Leber verwenden. Auch Speck oder Schinken sind geeignet. Herstellen können Sie auch eine Mischung aus 400 g Fleisch und 250 g Gemüse. Auch Pilze schmecken in Cannelloni sehr gut.

Wer sich's ganz einfach machen will, der nimmt als Füllung einfach eine Sauce-Bolognese.

Maccheroni Gratinati

Auch dieses Rezept haben wir von *Bepi*, dem Inhaber des gleichnamigen italienischen Restaurants in Köln. Er verwendet folgende Zutaten:

```
½ Glas Olivenöl
1 Zwiebel, fein gehackt
2 Knoblauchzehen, gepreßt
1 Rosmarinzweig
1 Salbeizweig
1 Bund Petersilie
1 TL Oregano
500 g Tomaten, geschält
250 g süße Sahne
250 g gekochter Schinken
Hartkäse zum Überbacken
Salz, Pfeffer
500 g Makkaroni, getrocknet
```

Bräunen Sie im heißen Öl die Zwiebel und den Knoblauch an, geben Sie gehackte Kräuter dazu und die zerschnittenen Tomaten sowie Salz und Pfeffer. Diese Mischung etwa 15 Minuten kochen lassen. Dann unter Rühren die Sahne dazufügen und etwas einkochen lassen, bis die Sauce leicht andickt. Die *al dente* gekochten Nudeln und den in Streifen geschnittenen Schinken in die Pfanne geben und aufkochen lassen. Anschließend alles in eine Auflaufform füllen, mit dem Käse bestreuen und im Backofen möglichst nur mit Oberhitze einige Minuten überbacken.

Überbackene Nudeln mit Spinat à la Hobbythek

Für die Nudeln brauchen Sie:

```
375 g Mehl
3 Eier
```

Und für die Sauce:

```
600 g gefrorener Spinat
150 g Crème fraîche oder
Mozzarella
3 Eier
3 EL geriebener Käse
Salz, Pfeffer, Muskatnuß
```

Die Nudeln nicht zu weich kochen, den Spinat auftauen und überschüssige Flüssigkeit in einem sauberen Tuch auspressen.

Die drei Eier für die Sauce schlagen, und mit der gewürzten Crème fraîche und dem Spinat vermischen. In einer feuerfesten Form über die Nudeln gießen, Käse darüberstreuen und 30 bis 60 Minuten im Backofen backen.

Überbackene Nudeln mit Fleischsauce

Hier die Zutaten für den Nudelteig:

```
300—375 g Mehl
3 Eier
```

und für die Sauce:

```
300 g Hackfleisch
2 EL Olivenöl
1—2 Knoblauchzehen
1 Dose Tomaten (425 ml)
2 EL Weißwein
frische Petersilie, fein gehackt
2 EL geriebener Käse
```

Nudeln kochen, Hackfleisch mit Knoblauch in heißem Öl anbraten. Auch die geschnittenen Tomaten aufkochen, Weißwein und Kräuter hineingeben und

Abb. 38:   Maccheroni Gratinati.

alles mit den gekochten Nudeln mischen.

Füllen Sie die Mischung in eine gefettete, feuerfeste Form, überstreuen Sie sie mit Käse und überbacken Sie alles im Backofen bei 200° C.

Im Grunde ist diese Sauce eine vereinfachte Bolognese. Auch dieses Gericht können Sie natürlich noch variieren durch Gemüsearten wie Auberginen oder durch Pilze.

Überbackene Nudeln mit Bechamel und Schinken

Der Nudelteig:

300—375 g Mehl
3 Eier

Zutaten und Zubereitung der Bechamel-Sauce können Sie auf *Seite 45* nachlesen.

Hinzu kommen noch:

250 g gekochter Schinken
1 Dose Erbsen
frische Petersilie, fein gehackt
2 EL geriebener Käse

Kochen Sie die Bechamel-Sauce nach Anweisung und geben Sie die Erbsen dazu, den in Streifen geschnittenen Schinken, die gekochten Nudeln und zum Schluß die gehackten Kräuter. Alles im Backofen bei 200° C überbacken. Natürlich kann man auch hier statt der Erbsen z.B. blanchierten Brokkoli, Spargel, Schwarzwurzeln, gedünsteten Porree oder auch Pilze verwenden.

Süßer Nudelauflauf mit Eischnee

Dieser süße Auflauf dürfte nicht nur Kindern schmecken; denen aber wohl doch besonders. Man kann ihn in kleinerer Menge auch als Nachtisch servieren.

Die Nudelzutaten:

300—350 g Mehl
3 Eier

Außerdem:

3 Eigelb
3 EL Butter
4 EL süße Sahne
3 EL Zucker
2 kleine Dosen Mandarinen
3 Eiweiß

Wenn Sie keine selbstgemachten Nudeln haben, sondern gekaufte verwenden, können Sie diesen Nachteil ein

Abb. 39:   Süßer Nudelauflauf mit Eischnee.

wenig dadurch ausgleichen, daß Sie die Nudeln in Milch kochen. Die Milch können Sie anschließend der Katze geben, wenn Sie eine haben.

Eigelb, Butter, süße Sahne, Zucker werden verrührt und schaumig geschlagen. Die abgetropften Mandarinen aus der Dose dazugeben und mit den noch heißen, gekochten Bandnudeln vermischen. Schlagen Sie das Eiweiß zu steifem Schnee und heben es darunter. Alles in eine gefettete Auflaufform füllen, Butterflöckchen oben darauf und bei 200° C etwa 40 Minuten bakken.

Probieren Sie zur Variation auch andere Obstsorten wie z.B. Himbeeren (tiefgekühlt oder besser noch frisch) oder Apfelscheiben mit Rosinen und Zimt.

Tortellini, Ravioli, Teigtaschen & Co.

Nach den einfachen Nudeln mit Sauce und den schon etwas komplizierteren Aufläufen wollen wir uns jetzt mit dem raffiniertesten Teil der Nudelküche beschäftigen.

Bevor wir Ihnen die Rezepte für die verschiedensten Füllungen geben, hier noch ein paar Worte zur Herstellung von Teigtaschen.

Sie sehen nicht nur durch ihre Form schön aus; Sie können sie auch durch verschiedene Färbungen noch besonders interessant machen. Sie wissen ja, ein gutes Essen soll nicht nur ein Zungenschmaus, sondern auch ein Augenschmaus sein. Diesen Gerichten ist unmittelbar anzusehen, daß sie mit viel Sorgfalt und Liebe zubereitet sind.

Ravioli

Bei den Ravioli können Sie sich viel Arbeit durch einen entsprechenden Zusatz an Ihrer Nudelmaschine sparen. Es gibt nämlich zu den meisten Modellen einen speziellen Ravioli-Vorsatz.

Beginnen Sie damit, daß Sie den Nudelteig wie gewohnt mit der Maschine ausrollen. Versuchen Sie dabei, möglichst lange Teigstreifen herzustellen. Nach einiger Übung fällt das gar nicht schwer. Diese Streifen werden dann mit einem speziellen Rädchen, das zum Ravioli-Vorsatz mitgeliefert wird, auf entsprechende Breite geschnitten. Der so vorbereitete Teigstreifen wird dann etwa mit der Mitte doppelt in den Ravioli-Vorsatz gesteckt, so daß es aussieht, als kämen 2 Teigstreifen aus der Maschine.

Zwischen diesen Streifen gibt man nun etwas von der Füllung, die durch die vorgeformten Walzen gleichmäßig verteilt wird. Unten zieht man dann die fertigen Ravioli heraus. Eine wirklich sehr einfache Sache.

Abb. 40: Selbstgemachte Ravioli und Tortellini in verschiedenen Farben.

Allerdings hat das Gerät einen Nachteil: Man kann es nicht verwenden, wenn sie z.B. in jedes Ravioli eine Krabbe oder etwas ähnliches stecken wollen. Da müssen Sie dann noch mit der Hand arbeiten.

Aber auch das ist keine Hexerei. Man gibt auf einen ausgebreiteten Teigstreifen in entsprechendem Abstand nebeneinander kleine Portionen der Füllung, legt dann über das Ganze einen zweiten, etwas längeren Teigstreifen, drückt ihn in den Zwischenräumen leicht an und rollt mit einem gezackten Teigrädchen die Ravioli aus. Natürlich können Sie dann auch Ravioli in anderer Form als der üblichen machen. Z.B. dreieckige, runde oder ausgefallene Phantasieformen.

Tortellini

Für Tortellini kann man zwar dieselben Füllungen wie für Ravioli verwenden; die Herstellung geht aber ganz anders und auch nicht mit einer Maschine. Dafür sehen diese Tortellini auch noch wesentlich hübscher aus. Wenn Sie sie zu zweit herstellen, dann dauert es auch nicht allzu lange und außerdem macht die Arbeit mehr Spaß.

Zunächst werden wie beim Plätzchenbacken aus dem Teig kreisrunde Stücke ausgestochen. Sie können dafür eine Plätzchenform oder auch ein nicht zu dickwandiges Glas verwenden. Auf *Abbildung 43* haben wir Ihnen in einzelnen Phasen dargestellt, wie es dann weitergeht.

Auf eine Hälfte des Kreises legen Sie ein wenig von der Füllung, klappen die andere Teighälfte darüber, daß der untere Rand noch etwa 2 mm hervorschaut. Dadurch wird der Rand schöner.

Nun nehmen Sie mit den beiden Zeigefingern und Daumen die beiden Ecken der Taschen und ziehen sie zusammen. Dadurch wird die ursprünglich gerade Seite der Tortellini ringförmig zusammengedreht, während sich entlang der halbrunden Schnittkante eine Falte bildet. Zugleich wölbt sich der Rand nach oben. Dieses Zusammendrehen der Tortellini muß man möglichst bald machen, damit der Teig noch elastisch ist. Sie haben sicher schon gemerkt, daß Nudelteig besonders schnell antrocknet und spröde wird. Bei der Tortellini-Herstellung würde das dazu führen, daß der sich hochwölbende Rand reißt oder bricht.

Die beiden zusammengeführten Enden kann man vor dem Zusammendrücken mit etwas Wasser anfeuchten, dann gehen sie beim Kochen nicht wieder auseinander.

Abb. 41: *Links:* Auf die Teigplatten wird zunächst die Füllung in Häufchen aufgesetzt; *rechts:* dann eine zweite Teigplatte darübergelegt und die einzelnen Ravioli mit einem Rädchen ausgeschnitten.

Abb. 42: Selbstgemachte Tortellini.

Im übrigen ist das Herstellungsprinzip dieser Tortellini ganz ähnlich wie bei den chinesischen Wan-Tan, die wir im *HOBBYTHEK-BUCH 8* und in *Das große HOBBYTHEK-BUCH vom Essen/2* beschrieben haben.

Wichtig ist, daß die gefüllten Teigtaschen spätestens wenige Stunden nach der Herstellung gekocht werden, weil sonst der Nudelteig durch die Füllung aufgeweicht wird. Wenn Sie die Teigtaschen längere Zeit vorher zubereiten müssen, dann heben Sie sie mindestens im Kühlschrank auf.

Und wie ißt man diese Teigtaschen? Man kann sie nach dem Kochen einfach mit Butter oder einer zusätzlichen Sauce servieren. Man kann sie aber auch als Suppeneinlage auf den Tisch bringen.

Schließlich kann man die Teigtaschen auch braten und sogar fritieren. Fürs Fritieren sollten Sie die Ravioli oder Tortellini aber etwas größer machen und die Füllung auch kompakter anrühren. Damit sich diese Taschen beim Fritieren nicht prall aufblasen oder gar platzen, sollten Sie sie einmal leicht mit einem

Abb. 43: *Links:* In die kreisrunden Teigstücke kommt zunächst die Füllung; *Mitte:* die halbrund gefaltete Teigtasche wird dann an den beiden Ecken zusammengezogen; *rechts:* zum Schluß den hochgefalteten Rand zu einer Art Hütchen zusammendrücken.

Abb. 44:   *Oben links:* Große Teigtaschen in verschiedenen Formen und mit verschiedenen Füllungen; *oben rechts:* Teigtasche mit pikant angemachtem Frischkäse; *unten links:* Teigtasche mit einem Apfelring; *unten rechts:* Teigtaschen lassen sich mit allen möglichen Obstzutaten füllen.

Küchenmesser anstechen. Sie erhalten dann sehr appetitlich aussehende Häppchen

Mit einer süßen Füllung — mehr dazu gleich — ergibt das sogar eine Art von exquisiten Plätzchen.

Nach derselben Methode kann man auch *große Teigtaschen* herstellen, die entweder im Backofen gebacken oder in der Pfanne gebraten werden. Durch den hauchdünnen Teig und die Füllung entstehen wahre Delikatessen. Wir fanden bei unseren Probemenues jedenfalls, daß diese Taschen besser als gefüllte Pfannkuchen oder Crépes schmeckten.

In *süße Teigtaschen* kann man jedoch nicht nur die verschiedenen Saucen füllen, die wir Ihnen gleich noch vorstellen werden, sondern auch Früchte. Sehr gut schmeckt zum Beispiel eine Apfeltasche, in die fein geschnittene Apfelscheiben hineingehören, unter die man Zimt, Rosinen und vielleicht sogar noch etwas Honig mischt. Man kann Teigtaschen aber auch mit Kirschen, Aprikosen oder Pfirsichen füllen. Auch süß angemachter Frischkäse schmeckt ganz herrlich.

Füllungen für Ravioli und Tortellini

Für die Füllung dieser Teigtaschen können Sie die meisten Saucen verwenden, die wir weiter vorn bei den Nudelgerichten und auch bei den Aufläufen beschrieben haben. Sie müsen die Saucen dann möglichst dickflüssig zubereiten. Das Besondere unserer Teigtaschen sollten Sie aber auch dadurch unterstreichen, daß Sie besondere Füllungen verwenden. Nehmen Sie die folgenden Tips zur Anregung.

Zuvor aber noch ein Wort zu den Mengen:

Sie sind berechnet für Ravioli, die mit dem Spezialvorsatz an der Nudelmaschine hergestellt werden. Die Füllung reicht für eine Nudelmenge aus zwei Eiern und der entsprechenden Menge Mehl aus. Machen Sie aus diesem Nudelteig Tortellini, dann brauchen Sie etwas weniger Füllung. Mit Sauce serviert ergeben diese Mengen Portionen für 2 Personen.

Hackfleischfüllung

```
1 EL Öl
1 Knoblauchzehe, gepreßt
1/2 Zwiebel
200 g Hackfleisch
70 g Tomatenmark
Pfeffer, Salz, getrockneter Thymian
```

Das Hackfleisch wird mit dem Knoblauch und der Zwiebel im Öl angebraten. Dann das Tomatenmark dazugeben und diese Mischung würzen.

Hackfleischfüllung mit Gemüse

```
100 g Hackfleisch
100 g Auberginen
100 g Champignons
1 EL Öl
1 Knoblauchzehe, gepreßt
1/2 Zwiebel, gehackt
Pfeffer, Salz, frisch gehackte Kräuter
2 EL Emmentaler, gerieben
```

Die Auberginen werden fein gehackt und mit Salz gut gemischt. Eine Weile stehen lassen. Währenddessen auch die Champignons fein hacken.

Das Hackfleisch mit dem Knoblauch und der Zwiebel anbraten, Auberginen und Champignons dazugeben und alles zusammen noch einmal eine Weile braten lassen. Aus der Pfanne nehmen und erst jetzt die frisch gehackten Kräuter unterrühren. Wenn die Füllung schon etwas abgekühlt ist, wird auch der Käse darunter gemischt, der erst beim Kochen in den Ravioli oder Tortellini schmelzen soll.

In der Hackfleischfüllung oder auch in dieser Füllung lassen sich sehr gut Reste unterbringen. So z.B. kaltes Fleisch von Geflügel oder Rind; sogar Leber ist geeignet. Dies alles sehr fein schneiden.

Auch kalte Gemüsereste können Sie verwenden. Da sie bereits gekocht sind, brauchen Sie sie nur mit geriebenem Käse zu vermischen und frischen Kräutern zu würzen. Fertig ist eine leckere Füllung. Sollte diese Mischung zu trocken sein, dann können Sie entweder süße Sahne, Crème fraîche oder auch Bechamel-Sauce oder einfach Tomatenmark hinzugeben. Sehr gut läßt sich eine solche Füllung auch anmachen und würzen mit selbstgemachtem Ketchup (Eine Fülle von Rezepten dazu finden Sie im *HOBBYTHEK-BUCH 7* bzw. im *Großen HOBBYTHEK-BUCH vom Essen/1*).

Käsefüllung mit Spinat

Sie brauchen dafür:

```
100 g Schichtkäse oder Quark
100 g Frischkäse (Doppelrahm)
200 g tiefgefrorenen Spinat
2 Eier
2 Stiele frische Petersilie
Pfeffer und Salz
```

Der Spinat wird aufgetaut und die überflüssige Flüssigkeit abgegossen. Die Petersilie fein hacken. Anschließend werden sämtliche Zutaten gleichmäßig vermischt, was am besten mit einem elektrischen Handrührer geht.

Erfinden Sie Ihre eigenen Füllungen

Das Rezept mit der Käsefüllung mit Spinat können Sie in vielfältigster Weise abwandeln. Statt Spinat können Sie z.B. gewürfelte frische *Champignons mit Knoblauch* nehmen, oder auch *Paprikawürfel.* Und warum nicht einfach nur *Kräuter,* und davon etwas mehr?

Sehr gut schmecken auch Füllungen, die nur aus *Käse* bestehen. Das kann geriebener Hartkäse oder auch Gorgonzola sein. Sehr gut schmecken auch Camembertwürfel.

Kleingeschnittener gekochter *Schinken* mit oder ohne geriebenen Käse kann man ebenso gut verwenden wie gedünstetes und fein gehacktes *Gemüse.*

Besonders gut schmecken *Krabben* oder *Muscheln,* die man in Ravioli oder Tortellini hineinpackt. Zu den Muscheln paßt übrigens sehr gut unsere Thunfisch-Sauce von *Seite 41.* Krabben-, Muscheln- und Fischravioli eignen sich bestens als Einlage in eine klare Fisch- oder Algenbrühe.

Damit sie nicht nur durch ihren Geschmack, sondern auch durch ihr Aussehen hervortreten, kann man sie aus grüngesprenkeltem Kräuter-Nudelteig zubereiten.

Abb. 45: Teigtaschen mit Kirschfüllung.

Süße Kirschfüllung

200 g Schichtkäse
4 EL Schattenmorellen
4–6 EL süße Sahne
1 Ei (Eigelb und Eiweiß getrennt)
2 TL Zucker
2 TL Rosinen

Kirschen aus dem Glas nehmen und abtropfen lassen. Rosinen in heißem Wasser einweichen. Schichtkäse, Sahne, 1 Eigelb und Zucker verrühren, Rosinen dazugeben. Das Eiweiß von einem Ei mit Zucker zu einem steifen Schnee schlagen und die Hälfte davon unter die Mischung geben.

Aus 100 bis 125 g Mehl und einem Ei wird ein Nudelteig bereitet. Machen Sie daraus Teigplatten, aus denen Sie Teigstreifen von etwa 10–12 cm Breite und etwa doppelter Länge machen. Je zwei dieser Teigstreifen bilden eine Tasche. Auf einen Teigstreifen Füllung und Kirschen geben, einen anderen Teigstreifen darüber legen und die Ränder anfeuchten und fest zusammendrücken. Diese Taschen werden entweder in der Pfanne mit Butter gebraten oder im Backofen bei 200° C überbacken. Bei der Backofenmethode wird auf die Teigtaschen etwas Eischnee gegeben, damit sie beim Backen nicht austrocknen. Sie können sie statt dessen aber auch mit Butter oder Quarkmasse bestreichen.

Sehr gut für eine solche Füllung eignen sich auch Stachelbeeren, Himbeeren, Johannisbeeren, zerkleinerte Mandarinenscheiben und andere Früchte.

Füllung für eine Frühlingsrolle

Mit Frühlingsrollen und mit der ostasiatischen Küche überhaupt haben wir uns in einem ganz ausführlichen Kapitel in *HOBBYTHEK-BUCH 8* und im *Großen HOBBYTHEK-BUCH vom Essen/2* beschäftigt. Diese ostasiatische Küche ist nicht nur abwechslungsreich, sondern besonders leicht bekömmlich und im ganzen doch gesünder als der Durchschnitt der europäischen Küche. Mehr dazu können Sie dort nachlesen.

In diesem Nudelkapitel wollen wir eine Variante der Frühlingsrolle vorstellen, die besonders delikat ist. Als Umhüllung nehmen wir Nudelteig, in den eine Füllung aus folgenden Zutaten eingewickelt wird:

Das Geflügelfleisch fein zerschneiden und mit dem Knoblauch kurz anbraten, aus der Pfanne nehmen und beiseite stellen.

Dann den in Streifen geschnittenen Paprika und die Sojasprossen 2 Minuten lang braten.

Restliche Zutaten mischen und in die Pfanne geben, das gebratene Fleisch hinzugeben, durchrühren, abschmecken, aufkochen und fertig ist die Füllung für eine Frühlingsrolle.

Statt der frischen Sojasprossen kann man auch kleingeschnittenen Chinakohl oder Spitzkohl nehmen.

Frühlingsrollen werden fritiert oder gebraten. Man serviert sie mit Tomatensauce oder mit süß-saurer Sauce mit Tomaten (vgl. die oben genannten HOBBYTHEK-BÜCHER).

100 g Geflügelbrustfilet	1 EL Sake oder Weißwein
150 g Sojabohnensprossen	1 EL Öl
50 g Paprika, in Streifen geschnitten	1 Knoblauchzehe, gepreßt
3 EL helle Sojasauce	1 Prise Zucker
	Pfeffer und Salz

Abb. 46:   Auch Frühlingsrollen lassen sich aus Nudelteig bereiten (*rechts* noch rohe Frühlingsrollen mit Zutaten; *links* eine fritierte Frühlingsrolle).

Abb. 47: Versuchen Sie einmal eine Pizza auf einer Nudelteiggrundlage.

Pizza aus Nudelteig

Mit Nudelteig kann man endlos viel machen, wie Sie sicher inzwischen gemerkt haben. Beim Herumprobieren sind wir auf die seltsamsten Gerichte gestoßen, wie das Beispiel mit der Frühlingsrolle zeigt. Wir haben bei diesen Versuchen nicht nur ins Blaue experimentiert, sondern auch Gerichte ausprobiert, die man normalerweise auf einer anderen Teiggrundlage zubereitet. Zum Beispiel Würstchen im Schlafrock. Haben Sie diesen Schlafrock schon einmal aus Nudelteig gemacht? Es geht ganz einfach und es schmeckt ausgezeichnet.

Ein anderes Beispiel ist die *Pizza*. Der Pizzaboden wird normalerweise aus einem ganz einfachen Hefeteig oder auch aus Brötchenteig hergestellt; in Restaurants, die es ganz fein machen möchten, nimmt man auch Blätterteig. Wir haben ausprobiert, daß eine Pizza auf der Basis von Nudelteig ganz ausgezeichnet schmeckt. Im Grunde ist der Nudelteig ja auch ein sehr einfacher Teig, wenngleich er durch den Eianteil wesentlich gehaltvoller als ein Brötchenteig ist, der nur aus Mehl, Wasser und Hefe besteht.

Aber nun zur Pizza.

Der ausgerollte Nudelteig hat den Vorteil, daß er einen wirklich hauchdünnen Pizzaboden ergibt, der entsprechend kalorienarm ist. Das wird freilich in der Regel wieder wettgemacht durch eine opulente Garnierung dieses Teigs.

Für einen runden Pizzaboden von entsprechendem Durchmesser braucht man zwei ausgerollte Teigstreifen, die nebeneinander auf ein Brett gelegt werden. Sie müssen sich etwa 1 cm breit überlappen. Rollt man jetzt mit einem normalen Nudelholz kräftig über die Nahtstelle, so verbinden sich beide Teigstreifen. Auf die so entstandene Teigplatte legen Sie einfach einen Teller und schneiden mit einem Messer einen Kreis aus. Fertig ist der Pizzaboden.

Der Boden wird auf ein gefettetes oder mit Backpapier ausgelegtes Kuchenblech gelegt und garniert, wie Sie es am liebsten mögen.

Auf einer Pizza lassen sich eine Menge Reste unterbringen, ohne daß das Ganze schließlich wie ein Notbehelf wirkt. In den Restaurants werden Pizzen oft recht lieblos bestreut und zum Beispiel auf Farbzusammenstellungen kaum geachtet. Das kann man natürlich zu Hause in aller Ruhe vorbereiten.

Wichtig ist bei einer Pizza, daß der gesamte Boden mit Belag bedeckt wird. Auch der Rand soll möglichst schmal sein. Dies macht man nicht nur, damit es besser schmeckt, sondern damit der Boden beim Backen nicht hart wird.

Als Pizzabelag eignen sich Schinkenstreifen, Salamischeiben, Thunfisch, Krabben usw. Dazu passen Gemüse wie etwa Tomatenscheiben, frische Paprikastreifen oder Champignons, eingelegte Peperonischoten und als Gewürz auch Kapern. Schließlich gehört über eine Pizza natürlich Käse. In der feinen italienischen Küche nimmt man den auch bei uns inzwischen sehr verbreiteten Mozzarella. Man kann aber auch geriebenen Hartkäse über den Belag streuen und sogar Schichtkäse, den man je nach Geschmack würzen kann. Auch Camembert und Gorgonzola eignen sich.

Eine Pizza wird nicht nur mit Salz und gegebenenfalls Pfeffer gewürzt, sondern auch mit Oregano, Basilikum und anderen Kräutern.

Abb. 48: Da die Breite der Nudelmaschinen begrenzt ist, muß man den Teigboden aus zwei Stücken zusammensetzen.

Abb. 49:   Der Nudelsalat der Hobbythek.

Einige Löffel dickflüssige Tomatensauce schmecken zu den meisten Kombinationen. Oder wie wäre es mit einer Spinatpizza, auf die obendrauf etwas Bechamel-Sauce und geriebener Käse kommt?

Nudelsalate

Eigentlich sind Nudelsalate nichts Besonderes. Man findet sie auf jeder Party und sie schmecken meistens etwas fad. An diese berüchtigten Nudelsalate sollten Sie jetzt einmal nicht denken. Bei unseren Rezepten benutzen wir die Nudeln nicht, um einen Salat zu strekken, sondern um ihn überhaupt erst sozusagen aufzubauen. Auch für den Nudelsalat gilt, daß er nur so gut sein kann wie seine Zutaten. Und da sind selbstgemachte Nudeln den meisten gekauften Sorten eben doch überlegen. Nicht zuletzt durch die Farbe. Hier ein Rezept, das wir für Sie ausprobiert haben. Es ergibt eine ziemlich große Schüssel voll Salat, die Sie bei Ihrer nächsen Fête ausprobieren können. Sie brauchen dafür:

400—600 g Schweinefleisch
4 EL Sherry
2 EL Weinessig
2 EL Sojasauce
1 TL Zucker
Salz, Pfeffer (schwarz und rot)
Zwiebel, in dünne Scheiben geschnitten

Das Schweinefleisch wird in hauchdünne Scheiben in mundgerechter Größe geschnitten, was Sie sich notfalls beim

Metzger mit einer Maschine erledigen lassen können. Aus den übrigen Zutaten wird eine Marinade bereitet, in die die Fleischscheiben mindestens eine Stunde, besser jedoch 10 Stunden gelegt werden. Stellen Sie die Schüssel mit dem marinierten Fleisch in den Kühlschrank.

Bevor Sie das Fleisch in den Salat tun, holen Sie es aus der Marinade heraus und braten es kurz von beiden Seiten an.

Für diesen Salat brauchen Sie rote und grüne Nudeln. Beide Sorten werden aus jeweils 200 bis 250 g Mehl und je 2 Eiern hergestellt. Wie Sie grünen und roten Nudelteig machen können, haben wir ab *Seite 27* beschrieben.

Der Teig wird nun ausgerollt und mit einem Kuchenrädchen in kleine Rechtecke von etwa 3 cm Länge zerschnitten. Diese Rechtecke werden in der Mitte zusammengedrückt, wie man es auf *Abbildung 50* sieht. Sie sehen etwa wie Schleifen aus. Solche Nudeln lassen sich schlecht aufheben, weil sie im getrockneten Zustand leicht zerbrechen. Deshalb sollten Sie sie lieber frisch zubereiten und gleich kochen.

Das Fleisch und die Nudeln werden nun mit folgenden weiteren Zutaten vermischt:

All diese Zutaten in einer Schüssel vermischen und abschmecken. Dann das gebratene Fleisch und die gekochten Nudeln dazugeben. Noch einmal mischen und ziehen lassen. Sie werden sich schon beim Lesen vorstellen können, daß das nicht der übliche, fade Partysalat ist.

Abb. 50: In unserer Sammlung von Nudelfarben und -formen finden Sie auch die schleifenförmigen Nudeln, die dem Nudelsalat ein besonders originelles Aussehen geben.

1 große Dose sehr feine Erbsen	150 g Haselnüsse, gerieben
1 Dose Ananasstücke (425 ml)	2 Knoblauchzehen, gepreßt
1 große Dose Champignons (man kann statt dessen auch frischen Sellerie nehmen, der gewürfelt und gedünstet wird)	frische Kräuter wie Petersilie, Schnittlauch, Kresse, Sauerampfer, Estragon, fein gehackt
1 Glas Tomatenpaprika	300—400 g saure Sahne oder Crème fraîche
2—3 Äpfel, geschält und gewürfelt	Salz und Pfeffer

Die Krönung der Nudelküche: Spätzle

Spätzle sind eine ganz besondere Sache. Schwäbische Hausfrauen werden bei diesem Thema vielleicht lächeln. Aber sie beherrschen diese Kunst ohnehin, und jede von ihnen hat da ihre Spezialitäten. Es ist auch gar nicht unser Ehrgeiz, diese Künstlerinnen der Nudelzubereitung zu übertreffen.

Wir wollen hier nur versuchen, dem Rest der Welt in möglichst kurzen Worten zu erklären, was es mit Spätzle auf sich hat.

Der Spätzleteig ist etwas flüssiger als der normale Nudelteig. Er wird in einer Schüssel angerührt; und das muß sehr gründlich geschehen. Währenddessen können Sie in einem Topf Salzwasser erhitzen.

Einen Teil des Teiges gibt man auf ein Brett, daß man leicht schräg über den Topfrand hält. In dieser Phase der Spätzleherstellung zeigt sich, ob Sie die richtige Teigbeschaffenheit getroffen haben. Der Teig soll nämlich nicht nach allen Seiten vom Brett fließen, sondern sich nur langsam in Topfrichtung bewegen. Mit einem geraden Messer oder einem Teigschaber schabt man nun schmale Teigstreifen am Ende des Brettes ab, die in das kochende Wasser fallen. Der nachfließende Teig wird immer wieder abgeschabt.

Am praktischsten geht das natürlich, wenn man einen möglichst breiten, flachen Topf hat. Und das aus zwei Gründen. Zum einen fällt beim Schaben nichts daneben und zum anderen schwimmen die bereits fertigen Spätzle oben auf dem Wasser. Wenn die frisch

Abb. 51: Spätzle können es an Farbenpracht mit den Nudeln im Hintergrund nicht aufnehmen; aber im Geschmack sind sie kaum zu übertreffen.

Abb. 52: Und so werden Spätzle geschabt.

geschabten neuen darauf fallen würden, könnten sie leicht miteinander verkleben.

Schon nach etwa 2 Minuten Kochzeit kann man die fertigen Spätzle mit einem Schaumlöffel aus dem Wasser holen.

Und hier das Grundrezept für 5 Personen:

500 g Mehl
5 Eier
125—250 ccm Wasser
(etwa 1—2 Tassen)
1 Prise Salz

Die Wassermenge haben wir deshalb so ungenau angegeben, weil sie sich nach der Größe der Eier richtet.

Sämtliche Zutaten müssen sehr gut miteinander verrührt werden, was in einer Schüssel geht, weil dieser Teig ja nicht so fest wie der normale Nudelteig wird.

Natürlich gibt es für die Spätzle-Fans eine Menge Zubehör. Da kann man z.B. Spätzle-Bretter bekommen. Sie haben eine abgeflachte Kante, damit sich der Teig besser abschaben läßt. Wir haben jedoch herausgefunden, daß es für die ersten Versuche durchaus genügt, ein ganz normales Holz- oder Kunststoffbrett zu nehmen.

Schließlich gibt es als weitere Hilfsgeräte noch einen Spätzle-Hobel oder sogar eine Spätzle-Presse. Für den Hobel muß der Teig etwas fester angerührt werden, was durch weniger Wasser zu erreichen ist. Die Geräte muß man vorher in kaltes Wasser tauchen.

Wir haben aber herausgefunden, daß sich eine Spätzlepresse eigentlich erst ab 4 Portionen lohnt, denn die Dinger kosten nicht nur Geld, sondern sie müssen nach jedem Gebrauch auch gereinigt werden. Das ist bei einem einfachen Brett natürlich wesentlich einfacher. Außerdem kann man Spätzle für 2 Portionen immer noch schneller mit der Hand schaben als mit einer Maschine. Die Spätzleherstellung müssen Sie einfach erst einmal ausprobieren. Dann riskieren Sie nicht, Ihre Gäste oder die Familie mit einem mißglückten Teigkloß beglücken zu müssen.

Natürlich kann man auch bei Spätzle den Teig noch verfeinern. Man kann ihn zum Beispiel mit frisch gehackten Kräutern mischen, was grüne Spätzle ergibt.

Spätzle sind besonders geeignet als Beilage zu Fleisch und Gemüse, wobei man die Spätzle selbst mit zerlassener Butter mischen kann. Eine sehr interessante Variante ist auch, sie mit in Butter gerösteten Semmelbröseln anzurichten.

Schließlich lassen sich Spätzle sehr gut nach dem Kochen in der Pfanne anbraten oder im Ofen überbacken.

Zum Schluß noch ein kleines Rezept:

Käsespätzle

Bereiten Sie Spätzle aus 400 g Mehl und 4 Eiern zu. Nach dem Kochen werden sie mit 300 g geriebenen Emmentaler in eine gefettete Auflaufform geschichtet. Obendrauf gibt man noch etwas Käse und ein paar Butterflöckchen. Bei 200° C wird dieser Auflauf 20 Minuten lang im Backofen gebacken. Ein sehr einfaches Gericht, das aber wunderbar schmeckt.

Guten Appetit.

Ei, Ei, Ei — ein Ei

Das Ei ist ein wahres Wunderding. Und dabei doch so unscheinbar! Es hat keinerlei Verzierung, keine auffällige Farbe, es gibt es in Massen. Das ist wohl auch der Grund, weshalb über Eier nur im Zusammenhang mit Eierspeisen geredet wird. Auch in der Geschichte haben sie keine nennenswerte Rolle gespielt; sieht man einmal von dem berühmten Ei des Columbus ab.

Wie war das eigentlich mit dem Ei des Columbus? Er soll ein Ei genommen haben und es aufrecht so hingestellt haben, daß es stabil stehen blieb. Wetten Sie doch einmal bei einem Frühstück mit Freunden, daß Sie das auch können. Es ist nämlich gar nicht schwer; man muß sich nur trauen. Nehmen Sie, bevor es ans Eierkochen geht, die *frischen* Eier und schlagen sie mittelkräftig und mit Gefühl auf der stumpfen Seite auf die Tischdecke. Die Schale dellt sich an dieser Seite etwas ein und verleiht dem Ei dadurch Standfestigkeit. Trotzdem läuft das Ei nicht aus, weil die innere Haut unbeschädigt bleibt. Das Ei hat ja an dieser Stelle eine Luftblase. Man kann diese Eier hinter-

Abb. 1: Eier in ihrer ganzen Vielfalt. Hinten links Hühnereier. Das große dunkle Ei stammt vom Emu; rechts ein Straußenei. Links vorn Gänseeier. Auf der Platte vorn Eier vom Zebrafinken, weiter im Uhrzeigersinn: Enteneier, Steißhuhneier, Wachteleier.

her sogar kochen, ohne daß sie häufiger platzen als unbeschädigte Eier.

Eier haben es uns nicht erst seit der Zeit angetan, in der wir selber Nudeln machen. Sie sind in so vieler Hinsicht faszinierend, daß wir uns eine ganze *Hobbythek* lang damit beschäftigt haben, und in der Sendung trotzdem nur wenige Seiten dieses Wunderwerkes der Natur beschreiben konnten. Und obwohl die *Hobbythek* vor allem Anregungen zum Selbermachen gibt, haben wir uns bei diesem Thema zusätzlich ein wenig vom Selbermachen entfernt und sind einmal der Rolle des Eies in der Entwicklungsgeschichte nachgegangen. Sie werden hier also ein zweigeteiltes Kapitel finden.

Im ersten Teil gehen wir auf die Eigenarten, die Funktion und den Bau sowie auf die entwicklungsgeschichtliche Rolle des Eies ein und im zweiten Teil ab *Seite 93* werden wir Ihnen dann verraten, was man mit Eiern alles machen kann.

Das Ei in der Weltgeschichte

Das magische Ei und das Ei als Symbol

Eier sind ja nicht nur ein *Symbol* des Lebens, sondern es entsteht aus ihnen tatsächlich Leben. Welche Rolle es in der Entwicklung des Lebens spielt, wußten die Menschen früher nicht. Sie hielten das Ei bis zu dem Zeitpunkt für etwas Totes, an dem sich sichtbar Leben darin entwickelt. Folglich sahen sie in dem Ei magische Kräfte am Werke oder gar Zauberei.

So gilt das Ei überall in der Welt als *Spender von Kraft*. Das scheinbar leblose Ei, aus dem etwas Lebendiges entsteht, hat die Phantasie der Menschen ungeheuer beflügelt. Sagen aus verschiedenen Ländern berichten von der Geburt mythischer Wesen aus Eiern. Dabei spielen oft sogenannte Hahneneier eine Rolle, die von bestimmten schwarzen oder roten Hähnen gelegt würden, wenn sie 7 oder 9 Jahre alt sind. Nach den Legenden enthalten diese Eier kein Eidotter. Aus ihnen entstehen furchterregende Fabeltiere und Drachen.

In anderen Sagen sollen sich Teufel und Hexen die Zauberkräfte der Eier zunutze machen.

Umgekehrt gehörten Eier zu den *Opfergaben*, die man Göttern und Dämonen darbrachte. Es wird angenommen, daß diese Opfereier teilweise Ersatz für Menschen- oder Tieropfer gewesen sind. Überhaupt spielt der Wunsch, die unsichtbaren Kräfte gnädig zu stimmen, bei den verschiedenen Gebräuchen mit Eiern eine große Rolle. So gehörten zum Beispiel Eier und Milch im Aberglauben zu den sogenannten weißen Almosen, die helfen sollten, jeden Wunsch zu erfüllen. Um Wunder und Reichtum geht es schließlich auch bei den goldenen und silbernen Eiern, die in Sagen und Märchen eine Rolle spielen.

Als *Glücksbringer* haben Eier eine lange Tradition. So gibt es zum Beispiel den alten Brauch, dem Kind zur Taufe ein Ei ins Kissen zu legen, damit es ihm Glück und Kraft bringe.

In anderen Bräuchen sollten Eier *Unheil abwenden*. Wer sein Haus unter guten Vorzeichen errichten wollte, grub ins Fundament Eier ein. Auch Wasserdämonen, wie den Klabautermann, konnte man mit Eiern besänftigen. Wer sich vor Hochwasser sichern wollte, vergrub am Ufer eines steigenden Flusses Eier. Auch vor Hagel oder Blitz konnte man sich schützen, wenn man die Schalen geweihter Ostereier über das Dach des Hauses warf. Überhaupt spielten Eier beim Errichten von Gebäuden oder sogar bei der Gründung von Städten eine Rolle. Die Sage berichtet zum Beispiel, daß die Stadt Neapel vom Zauberer Virgil auf einem Ei errichtet worden sei.

Aber auch als *Totenopfer* können Eier dienen. In alten Gräbern des Mittelmeerraums wurden Eier oder auch ihre Nachbildung aus Ton oder Marmor gefunden. Und aus Rußland kennt man den Brauch, Eier im Grabhügel zu vergraben. Die Serben legen rotgefärbte Eier auf die Gräber ihrer Toten.

Mit der *Zukunft* haben Eier bei den Orakeln zu tun. *Eierorakel* gab es schon in der Antike, besonders bei den Römern. Aber auch die Germanen suchten Aufschluß über die Zukunft in solchen Orakeln. Das geschah vor allem im Frühjahr und um die Wintersonnenwende.

Die wichtigste symbolische Bedeutung der Eier hat aber mit der *Fruchtbarkeit* zu tun. Da Eier am Anfang eines neues Lebens stehen, ist das naheliegend.

Alte Fruchtbarkeitsriten gab es im Frühjahr zur Osterzeit schon lange bevor das christliche Osterfest gefeiert wurde. Als Fruchtbarkeitssymbol wurden Eier im Acker oder im Stall vergraben. Bei der Ernte band man in die letzte Garbe ein Ei ein.

Natürlich spielen Eier auch beim *Liebeszauber* eine wichtige Rolle. Das Ei als Aphrodisiakum verwendeten schon die Römer und die Germanen. Bis in unsere Tage hat sich in manchen Gegenden der Brauch erhalten, daß junge Mädchen zu Ostern den jungen Männern Eier als Zeichen ihrer Zuneigung schenken. Ihr Favorit bekommt dann besonders viele Eier. Natürlich spielen Eier auch bei der Hochzeitsfeier eine wichtige Rolle.

Um Kraft zu bekommen, wurden Eier oft roh mit der Schale verzehrt.

Schließlich spielten Eier bei verschiedenen *Heilzaubern* eine besondere Rolle. Dafür wurden Eier besonders präpariert und ins Feuer geworfen oder auch vergraben. Paracelsus, der Urvater unserer heutigen Medizin, der Anfang des 16. Jahrhunderts lebte, empfahl solche Bräuche ausdrücklich. Eier fanden Verwendung bei Fieber, Schwäche, Zahnweh, Kopf- und Ohrenschmerzen, Magen- und Darmkrankheiten, Wassersucht, Blattern, Gelbsucht, Haarausfall, Warzen usw. Eier hatten aber auch als Schönheitsmittel zum Beispiel für lockige Haare ihren besonderen Ruf.

Das Osterei als christliches Symbol

Die bekannteste Symbolbedeutung der Eier ist die des Ostereis. Da verbindet sich viel Heidnisches mit dem christlichen Fest. Weltliches und Geistliches läßt sich da oft nicht trennen. In Bayern verschenkt man zum Beispiel rotgefärbte Ostereier als Symbol für Christi Blut, aber auch als Liebesgabe. Da ist es mit den Ostereiern nicht viel anders als mit dem Weihnachtsbaum, der ja auch kein christliches Symbol im engeren Sinne ist, sondern mehr ein Zugeständnis an die Anhänglichkeit an uralte Bräuche. Daß Eier geweiht werden und dadurch ihre glücksbringende Kraft verstärken sollen, ist ebenfalls ein Zu-

Abb. 2: Jean Pütz mit einer ganz besonderen Art von persönlichem „magischen" Ei.

geständnis an solche Bräuche. Eier sind aber nicht nur Symbol des wiederaufkeimenden Lebens im Frühjahr gewesen, sondern oft auch Bestandteil ganz handfester Regeln. So bestand in einigen Gegenden der erste Zins, den die Bauern im Frühjahr in Naturalien zu zahlen hatten, aus Eiern. Der festgesetzte Termin für solche Abgaben war normalerweise Ostern. Man darf ja nicht vergessen, daß Eier in früheren Zeiten im Winter sehr knapp waren. Die Hühner scharrten im Freien und lebten nicht in geheizten Ställen oder Legebatterien wie heute. Mit dem Eierlegen war es da nichts. (Tips zum Ostereiermalen finden Sie ab *Seite 121*).

Alles höhere Leben entsteht im Ei

Nicht nur Vögel, Reptilien, Fische, Kröten, Insekten usw. schlüpfen aus dem Ei; auch die Säugetiere und wir Menschen beginnen unser Leben im Eistadium. Der Unterschied zwischen uns und den eierlegenden Tieren besteht im wesentlichen darin, daß die Säugetiere und der Mensch das Ei nicht preisgeben, sondern daß sich der neue Mensch im Körper aus dem Ei entwikkelt. Die Gebärmutter ist sozusagen das Brutnest der Säugetiere, in dem aus der befruchteten Eizelle der Embryo heranwächst.
Wir wollen uns hier aber mehr mit den Eiern beschäftigen, die „gelegt" werden; in denen sich also das neue Leben außerhalb des Körpers der Mutter entwickelt.

War zuerst die Henne oder das Ei?

Weder noch — das wissen heute nicht nur die Wissenschaftler. Die Entstehung von Lebewesen aus dem Ei ist im Laufe einer langen Evolution entstanden. Man weiß heute, daß es schon vor 400 bis 450 Millionen Jahren Tiere gab, deren Nachkommen aus Eiern schlüpften. Dies war in einer Zeit, lange bevor es vogelartige Wesen gab. Die ersten Formen dieser Art der Fortpflanzung hat es sehr wahrscheinlich bei den Fischen gegeben. Ihre Eier dürften sehr einfache Schutzhüllen gehabt haben, die aber schon Nahrungsvorräte in Form von Dotter enthielten. Die Befruchtung ging damals nicht anders als heute bei den Fischen vor sich. Die Eier wurden im Wasser abgelegt und dort durch den männlichen Samen befruchtet.
Das Meer spielt überhaupt eine entscheidende Rolle bei der Entstehung des Lebens. Man kann zwar nicht sicher sagen, daß organisches Leben im Wasser *entstanden* ist. Zumindest hat es sich dort aber entwickelt.
Nach den Fischen pflanzen sich die *Amphibien* durch Eier fort, die komplizierter aufgebaut sind. Amphibien sind die ersten Landwirbeltiere. Direkte Nachfahren dieser sehr alten Tierart sind die Lurche, Frösche und Kröten. Sie können — wie ihre Vorfahren — zwar auf dem Land leben; zur Fortpflanzung kehren sie aber zum Wasser oder doch zumindest in dessen Nähe zurück. Ihre Eier haben keine feste Schale, sondern sind von einer gallertartigen Masse umgeben, die auf das Wasser angewiesen ist. Dieser Schleim wird im Eileiter der Tiere um die Eizelle herum gebildet, und er quillt im Wasser nach

der Eiablage zusätzlich auf. Diese Hülle ist nicht nur eine Schutzschicht; sie gibt der Eizelle auch die Möglichkeit, notfalls auch außerhalb des Wassers zu wachsen, sofern nur genügend Luftfeuchtigkeit vorhanden ist.
Auch bei den Amphibien werden die Eier erst nach der Ablage befruchtet. Diesen sogenannten Laich hat es vermutlich schon vor 350 Millionen Jahren gegeben.
Auf der nächsten Entwicklungsstufe stehen die Reptilien (Kriechtiere wie Echsen, Schlangen, Krokodile, Schildkröten; vor 120 bis 200 Millionen Jahren gehörten auch die Saurier dazu). Auch sie brauchen eine feuchte Umgebung für ihre Eier, obwohl diese Eier bereits eine Hülle haben. Reptilieneier sind bereits befruchtet, wenn sie den Körper des Muttertieres verlassen.
Schlangen- und Eidechseneier bestehen nur aus Dotter und einer lederartigen Hülle. Die nötige Flüssigkeit für das Wachstum des Embryos, die beim Hühnerei im Eiklar enthalten ist, ist bei den Reptilieneiern im Dotter untergebracht. Als Vorbild für die später entstandenen

Abb. 3: In der langen Entwicklung der Tiere taucht das Ei vor über 400 bis 450 Millionen Jahren zuerst bei den Fischen auf.

Quartär **(2 Millionen Jahre)**		In diesem Zeitalter taucht der Mensch auf.
Tertiär **(65 Millionen** **Jahre)**		Halblinks ein Riesenvogel (Diatryma)
Kreide **(140 Millionen** **Jahre)**		Auf dem rechten Bild ein Riesenflug-saurier und im Wasser die Riesen-schildkröte. Auch Tauchvögel und Tin-tenfische gibt es bereits.
Jura **(195 Millionen** **Jahre)**		Ganz links Flugsaurier und weiter rechts der Urvogel Archaeopteryx, rechts Riesensaurier (Brachiosaurus)
Trias **(225 Millionen** **Jahre)**		Zu den Pseudosauriern (links) kommen Meeressaurier und Fischsaurier (rech-tes Bild) sowie die Haifische (ganz rechts).
Perm **(285 Millionen** **Jahre)**		Auftauchen der ersten Ursaurier und der Urreptilien (Mitte links).
Karbon **(350 Millionen** **Jahre)**		Zwischen den Bäumen ein Panzerlurch.
Devon **(405 Millionen** **Jahre)**		Links schwimmt ein Quastenflosser, in der Mitte ein weißer Urlurch.
Silur **(440 Millionen Jahre)**		Erstes Auftauchen von Ur-Panzerfi-schen (die beiden weißen Fische in der Mitte).

Vogeleier mit harter Schale können die Eier der Schildkröten und Krokodile gelten. Sie haben Eidotter, wasserreiches Eiklar und sogar eine feste, kalkhaltige Schale. Trotzdem sind die Eier dieser Tiere darauf angewiesen, zusätzlich Feuchtigkeit von außen aufzunehmen. Deshalb vergraben die meisten Reptilien ihre Eier in feuchter Erde oder in Sand. Da die meisten von ihnen in warmen Ländern leben, hat dieser feuchte Boden zugleich die Funktion eines natürlichen Brutschranks.

Die Jungen dieser Reptilien sind bereits völlig selbständig beim Ausschlüpfen und auch in der Lage, sich sofort selbst zu ernähren. Eine Ausnahme bildet dabei nur die riesige Pythonschlange, die ihre Eier regelrecht ausbrütet. Die Natur hilft ihr dabei, indem sie während der Brutzeit die Körpertemperatur des Tieres erhöht.

Bei einigen Schlangen und Eidechsenarten gibt es aber auch schon Vorformen der Entwicklung des Jungen im Mutterleib. Noch während sich die Eier im Eileiter des Muttertieres befinden, entwickeln sich die Embryos, die lebend zur Welt gebracht werden.

Aber es gibt in der Evolution der Lebewesen und Säugetiere auch noch ein paar andere „Unregelmäßigkeiten". Wir nennen hier nur die beiden einzigen eierlegenden Säugetiere, die vor allem in Australien vorkommen. Das eine ist das Schnabeltier und das andere der Ameisenigel, die ihre Eier in unterirdischen Bauen ausbrüten.

Wie alt sind die Vögel?

Die unmittelbaren Vorfahren der Vögel sind die Reptilien. Man schätzt, daß es die ersten vogelähnlichen Wesen bereits vor etwa 200 Millionen Jahren gab. In Steinbrüchen des Bayerischen Juragebirges hat man im vorigen Jahrhundert Versteinerungen solcher Urvögel gefunden. Eine dieser Versteinerungen läßt ein Wesen erkennen, das wie eine Mischung aus Reptil und Vogel aussieht. Wie die Eidechse hat es noch einen Schwanz mit zwanzig Wirbeln; aber es trägt schon am ganzen Körper Vogelfedern und es besitzt auch richtige Flügel. Das Gebiß wiederum gleicht dem eines Reptils, ebenso die Füße mit bekrallten Fingern. Dieser Urvogel hatte etwa die Größe einer Elster.

Bereits vor 135 Millionen Jahren — in der Kreidezeit also — waren die Vögel ihren heutigen Nachkommen bereits sehr ähnlich.

Die Vögel gehören zu den Warmblütern. Sie bilden die eine Gruppe dieser Tiergattung; die Säugetiere die andere. Beide Gruppen haben sich etwa zur gleichen Zeit parallel entwickelt; allerdings in völlig verschiedene Richtungen.

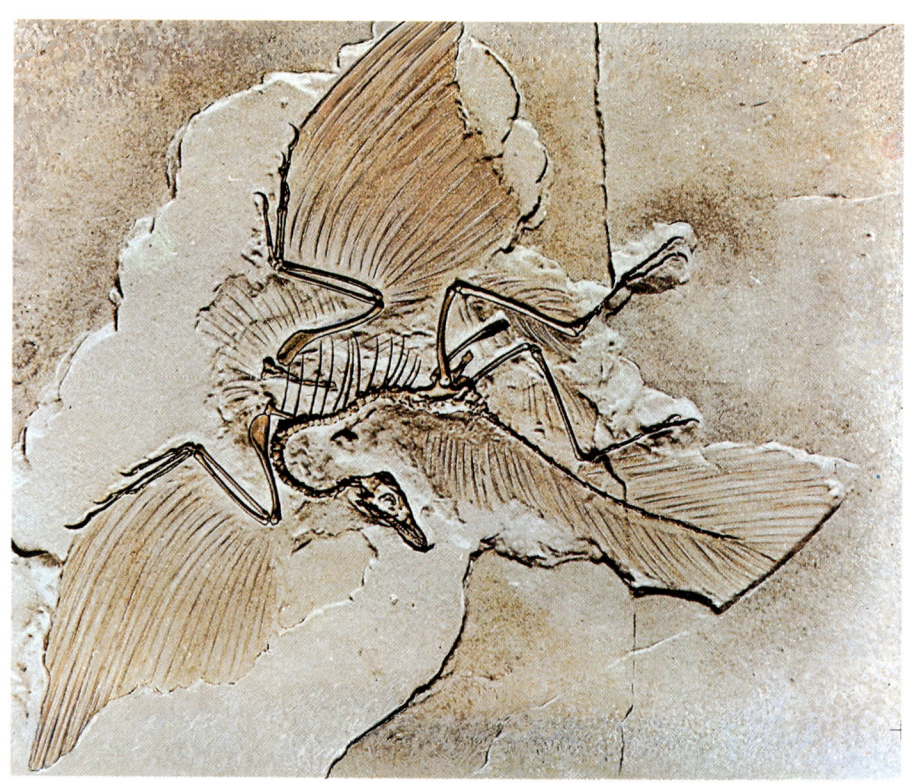

Abb. 4: Dieser Urvogel (Archaeopteryx) lebte vor ungefähr 200 Millionen Jahren.

Die Jungen der ersten Vogelarten hatten sofort nach dem Ausschlüpfen aus dem Ei ein vollständiges Dunenkleid (daher kommt das Wort Daunen), und sie konnten auch sofort laufen, sehen und wenige Stunden später ihr Futter selbst picken. Sie waren also sogenannte *Nestflüchter*. Dies war noch ein Überbleibsel aus der Vorgeschichte dieser Vögel. Denn auch die jungen Reptilien sind sofort und ohne die Hilfe der Eltern lebensfähig. Erst später entwickelten sich Vogelarten, deren Junge als völlig hilflose, nackte und blinde Nesthocker aus dem Ei schlüpften.

Bei den Säugetieren hat sich die Entwicklung genau umgekehrt vollzogen. Die frühen Arten brachten völlig hilflose Junge zur Welt, wie das heute noch für den Menschen gilt. Bei den meisten anderen Säugetierarten ist die Entwicklung anders gegangen. Das junge Fohlen eines Pferdes ist praktisch unmittelbar nach der Geburt selbständig lebensfähig. Es ist lediglich auf die Muttermilch angewiesen.

Vögel sind ganz besondere Tiere

Vögel unterscheiden sich aber auch noch durch andere Merkmale von fast allen anderen Tierarten. Da sie keine Zähne zum Zerkleinern der Nahrung haben, muß diese Arbeit von ihrem muskulösen Magen geleistet werden, der ähnlich wie eine Mühle funktioniert. Zwischen zwei kräftigen Muskeln zerkleinern die körnerfressenden Arten unter ihnen sogar mit Hilfe kleiner Steinchen die harte Nahrung. Wenn Sie einmal an ein frisch geschlachtetes Huhn mit Innereien kommen, schneiden Sie einmal den Magen auf. Darin werden Sie eine Menge kleiner Kiesel finden.

Auch der Darm der Vögel ist anders beschaffen. Sie haben nur eine Ausscheidungsöffnung — die sogenannte Kloake —, durch die alles hinein- und herausgelangt, von der Befruchtung bis zur Eiablage. Die Vögel scheiden daraus jedoch keinen flüssigen Harn aus; den geben sie nämlich in fester Form als Harnsäure ab. Diese Harnsäure ist der für den Vogelkot typische weiße Bestandteil.

Die Atmungsorgane sind bei den Vögeln der Funktion des Fliegens angepaßt. Zur Verringerung des Körpergewichts sind die Knochen zum Teil mit Luft gefüllt und die Lunge mit Luftsäkken. Hören und sehen können die Vögel sehr gut; dagegen haben sie nur sehr gering entwickelte Riechorgane. Und schließlich kommt bei den Vögeln der Gesang nicht aus dem Kehlkopf, sondern er wird von speziellen Muskeln in der Brust erzeugt, den sogenannten Stimm-Muskeln.

Einzigartig ist auch die Körpertemperatur der Vögel. Mit 42 bis 43° C würde ein

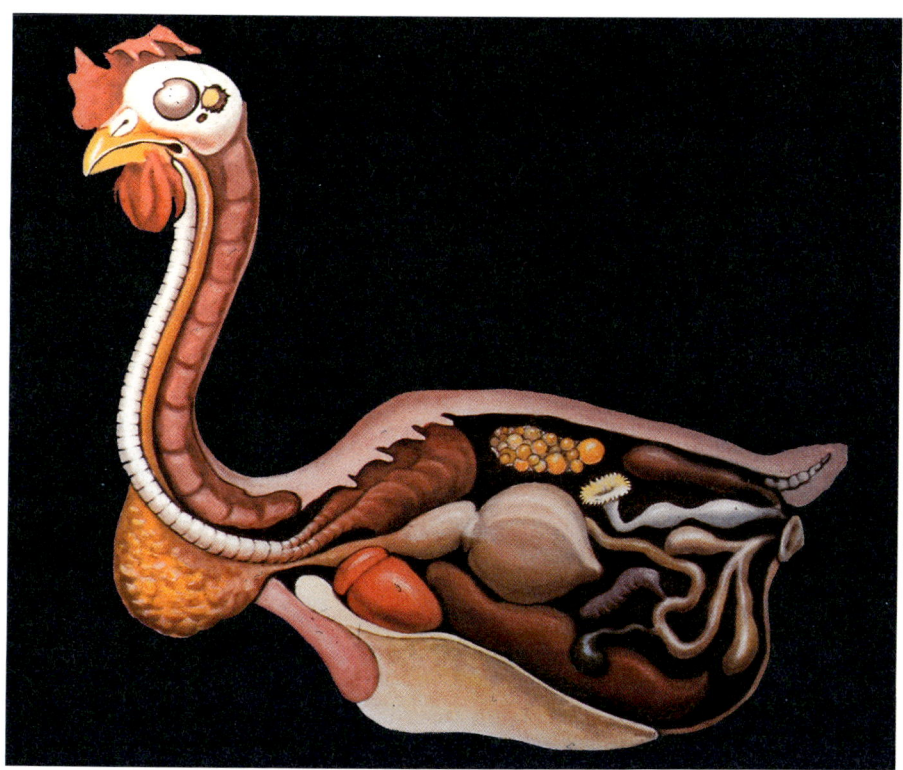

Abb. 5: So sieht es im Inneren eines Huhnes aus (zu den Einzelheiten vgl. Abb. 6).

Mensch bereits längst im Fieberdelirium liegen. Bei den Vögeln ist diese Temperatur normal. Allerdings ist ihr Energieaufwand zur Erhaltung dieser Körperwärme entsprechend hoch. Besonders kleine Vögel, wie winzige Arten des Kolibris, sind deshalb fast ausschließlich damit beschäftigt, zu fressen und sich dadurch mit der nötigen Energie zu versorgen. Das kritische Gewicht dieser Vögel liegt bei etwa 2,5 g. Noch leichtere und kleinere Tiere wären nicht mehr in der Lage, diese Körpertemperatur zu halten.

Größere Arten sind trotz dieser hohen Temperatur in der Lage, in Polargebieten bei extremer Kälte bis zu minus 60° C zu überleben.

Ich wollt', ich wär ein Huhn . . .

Ältere unter den Lesern werden noch wissen, wie dieser Schlager weiterging:

„. . . dann hätt' ich nichts zu tun. Vormittags legt' ich ein Ei, nachmittags hätt' ich frei."

Normalerweise legen Vögel ihre Eier in einem ganz bestimmten Jahreszyklus. Da geht es den Vögeln nicht anders als anderen Tieren, die ihre Jungen ebenfalls nicht in der Eiseskälte des Winters bekommen. Gesteuert wird dieser Zyklus von Hormonen. Sie regeln nicht nur, daß die Eierstöcke der weiblichen Vögel nur zu bestimmten Zeiten Eizellen produzieren, sondern auch, daß die Eierproduktion aufhört, wenn ein Gelege voll ist. Ein anderes Glied in diesem sinnvoll funktionierenden Mechanismus löst nach der Eiablage den Bruttrieb aus.

Bei den Hühnern hat der Mensch diesen Zyklus längst außer Kraft gesetzt.

Hühner sind auf Legeleistung gezüchtet, so daß ein gutes Legehuhn heute im Jahresdurchschnitt etwa 270 Eier produziert.

Das Ei, ein Wunderwerk der Natur

Bleiben wir bei den Hühnern und ihren Eiern. Es ist überaus spannend, den Entstehungsweg eines solchen Hühnereis zu verfolgen.

Eier entstehen — das mögen die Züchter als Erfolg verbuchen — im Huhn sozusagen in Fließbandproduktion. Diese Produktion beginnt im Eierstock der weiblichen Hühner. Vögel haben davon immer nur einen gut ausgebildeten; und zwar den linken. Aus einem ziemlich großen Vorrat winziger Eizellen beginnen der Reihe nach die Eier zu wachsen. Deshalb findet man im Eierstock die verschiedensten Entwicklungsstufen von Eizellen. Jede dieser Eizellen wächst in einer Hülle, dem sogenannten *Follikel*, das den Dotter wie ein dünnes Häutchen umschließt und ihn durch feinste Blutgefäße ernährt. Dabei wächst der Dotter tagsüber schneller als in der Nacht. Zunächst bleibt jedoch jeder Dotter eine einzige Zelle. Sobald er reif ist, platzt das ihn umgebende Follikel und gibt die Eizelle frei. Sie wandert in den Eileiter, der oben wie ein Trichter geformt ist, damit er die Eidotter leichter aufnehmen kann (vgl. Abb. 6, oben).

Im oberen Abschnitt des Eileiters warten bereits die männlichen Samenzellen, die hier den Dotter befruchten. Die Keimscheibe, die als heller Fleck auf der Dotterkugel sitzt, beginnt sofort nach der Befruchtung zu teilen. Dabei wandert das Eigelb weiter und wird — während es sich ständig dreht — mit wasserreichem *Eiklar* umgeben. Dieses Eiklar, das man fälschlicherweise auch Eiweiß nennt, wird von einer speziellen Drüse abgegeben. In dieser Phase entstehen auch die beiden weißen Fäden aus Eiweißschleim — die sogenannten *Hagelschnüre* —, die während der gesamten Brutzeit den Dotter in der Schwebe halten und dafür sorgen, daß die Keimscheibe auf der Dotterkugel immer oben liegt. Das ist wichtig, damit sie beim Brüten die meiste Wärme abbekommt.

Das Mengenverhältnis von Eidotter bzw. Eigelb und Eiklar ist nicht bei allen Vogelarten gleich. Vögel, deren Junge Nestflüchter sind, die also bereits hochentwickelt aus dem Ei kriechen, kommen aus Eiern mit hohem Dottergehalt. Dazu gehören auch die Hühner, deren Eier etwa zu einem Drittel aus Dotter bestehen. Im Gegensatz dazu legen Vögel, deren Junge als winzige, nackte und blinde Nesthocker ausschlüpfen, Eier mit einem Dottergehalt von nur etwa 18 bis 20% des Gesamtgewichts. Sie werden sich jetzt vielleicht fragen, wie kommt die harte Schale um das Ei? Da müssen wir noch einmal ein Stück den Weg verfolgen, den das Ei in der Henne zurücklegt.

Schon im unteren Abschnitt des Eileiters sondern spezielle Drüsen ein Sekret ab, das das Eiklar samt Dotter umschließt und nach kurzer Zeit erstarrt. Auf diese Weise bilden sich die beiden dünnen *Schalenhäutchen*, die am stumpfen Ende des Eies die Luftkammer einschließen. Vom Pellen eines

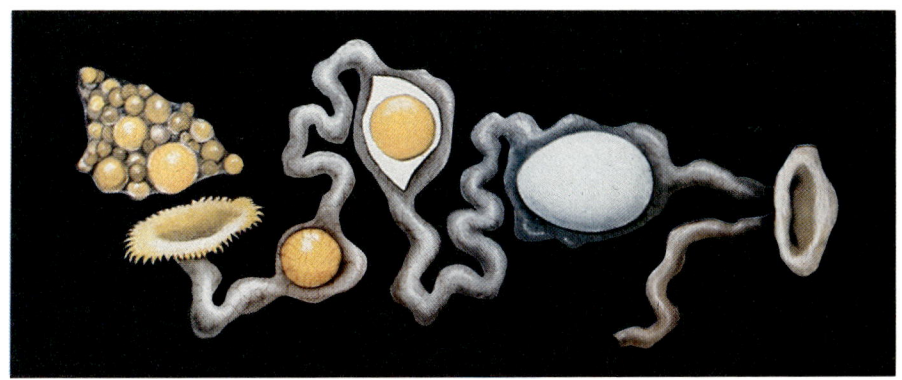

weichen Eies werden Sie diese dünne, aber überaus haltbare Haut kennen. Schließlich gelangt das Ei in die Gebärmutter. Hier sondern Kalkdrüsen flüssige Mineralstoffe ab, die das Ei umhüllen und die schließlich zu einer festen *Kalkschale* erstarren. Bei Hühnern, die braune Eier legen, werden in dieser Phase der Entwicklung auch die Farbpigmente in die Eischale eingelagert. Diese Pigmentierung hat bei den wilden Vögeln einen ganz praktischen Zweck. Vögel, die in Höhlen brüten, legen meist weiße Eier, während Vögel mit offenen Nestern sozusagen Eier mit Tarnfarben legen.

In der Gebärmutter eines Huhns verbringt das Ei lediglich 19 Stunden. Dann wird es meist unter lautem Gackern gelegt; denn ein Ei zu legen ist keine ganz schmerzlose Angelegenheit. Auch Hühner haben Wehen.

Bei wildlebenden Vögeln gibt es durchaus so etwas wie Familienplanung

Wildlebende Vögel legen — gesteuert durch Hormone — zu derjenigen Jahreszeit die Eier, die für die Aufzucht der Jungen am günstigsten ist. Und sie legen gerade so viele, wie sie später als Junge auch ernähren können. Manche legen nur ein Ei pro Jahr, andere brüten mehrmals im Jahr. Dazu gehören auch die Schwalben. Allerdings macht ihnen oft das Wetter einen Strich durch die Familienplanung. Wenn es eine längere Zeit regnet oder einen Kälteeinbruch gibt, kann es vorkommen, daß eine ganze Brut verhungert. Manchmal schafft es auch die zweite Brut nicht, sich für den anstrengenden Flug in die südlichen Winterquartiere den nötigen

Abb. 6: *Oben:* Die Entwicklung des Eies, einmal schematisch dargestellt; *unten:* hier kann man gut die Eier in unterschiedlichen Entwicklungsstadien in einem geschlachteten Huhn sehen.

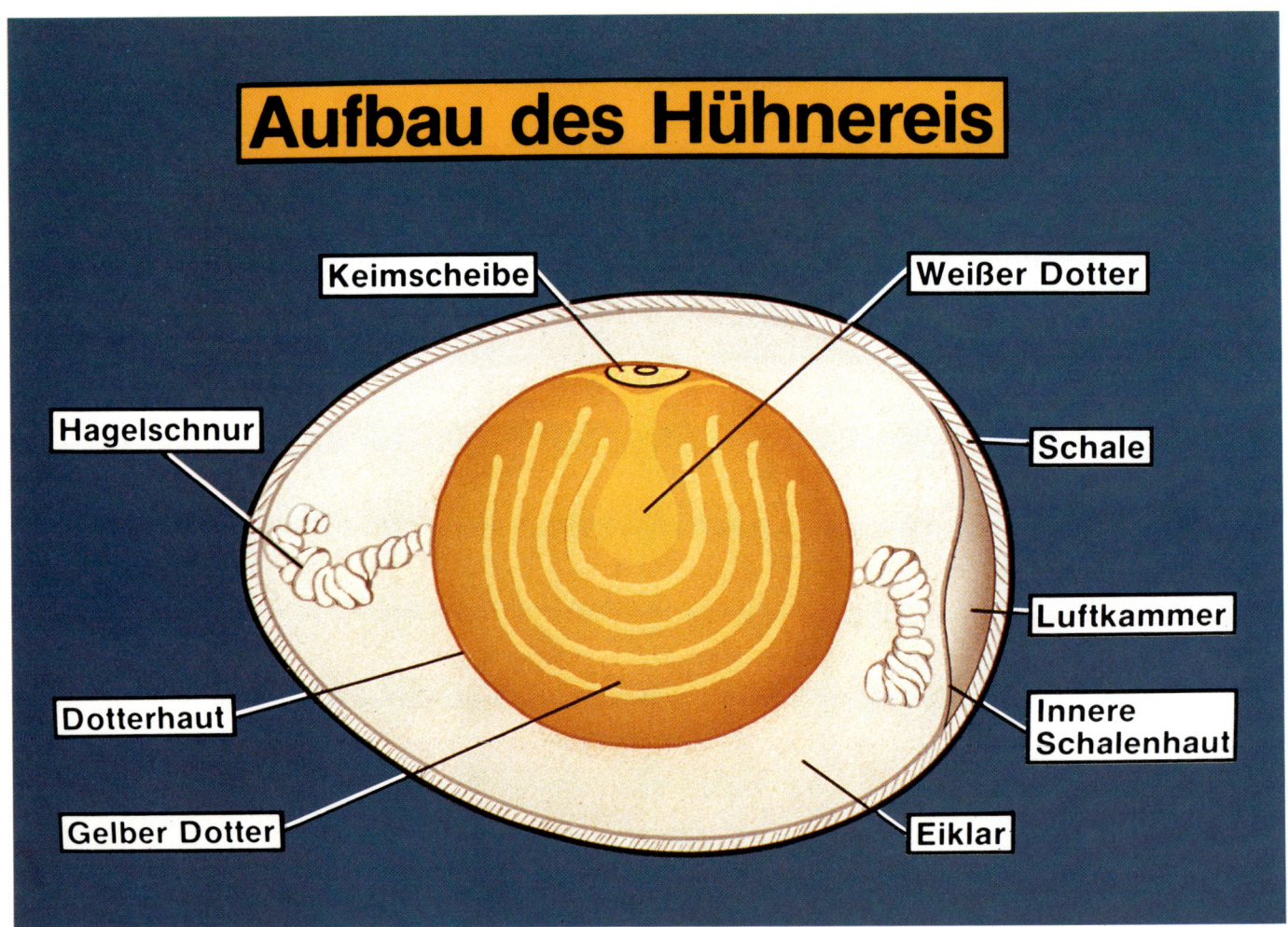

Aufbau des Hühnereis

Keimscheibe

Weißer Dotter

Hagelschnur

Schale

Luftkammer

Dotterhaut

Innere Schalenhaut

Gelber Dotter

Eiklar

Abb. 7: Im Prinzip sind andere Vogeleier nicht viel anders aufgebaut als ein Hühnerei. In der Mitte sitzt an den Hagelschnüren der Dotter, bei dem man zwischen weißem und gelbem Dotter unterscheidet. Obendrauf sitzt die eigentliche Keimscheibe. Der Dotter ist von der Dotterhaut umgeben, die gewissermaßen die Fruchtblase des Embryos bildet. Der Dotter wiederum schwimmt im Eiklar. Geschützt wird das ganze Innere des Eies durch die stabilen Schalenhäute, die die Luftkammer einschließen und schließlich durch die äußere, harte Kalkschale. Auch sie wiederum ist von einer dünnen Schleimschicht umgeben, die die poröse Kalkschale ein wenig abdichtet. Denn einerseits sollen von außen Sauerstoff, aber keine Keime eindringen, andererseits nicht allzu viel Wasser aus dem inneren verdunsten.

Speck anzufressen. Schwalben sind besonders wetterabhängig, weil sie ihre Insektennahrung nur im Flug fangen können. Und bei tagelangem Regen oder großer Kälte fliegen halt keine Insekten in der Luft.

Trotz all dieser Widrigkeiten haben sich die Vögel hervorragend an die unterschiedlichsten Klimabedingungen angepaßt. Exotische Vogelarten in Trockengebieten versuchen eine kurze Regenzeit dadurch zu nutzen, indem sie schnell hintereinander mehrmals brüten. Die kaum erwachsenen Jungvögel müssen da oft mithelfen, ihre jüngeren Geschwister zu füttern.

Wärme ist das ganze Leben

Zu den sinnreichsten und vielseitigsten Steuerungsmitteln der Natur gehören die *Hormone*. Sie regeln nicht nur Abläufe beim Menschen, sondern auch bei den höher entwickelten Tieren. Ein Hormon sorgt bei den Hühnern dafür, daß die im Eierstock reifenden Eidotter sich wieder zurückbilden, wenn genügend Eier gelegt sind. Gleichzeitig wird der Bruttrieb in Gang gesetzt.

Beim Brüten kommt es darauf an, daß die Eier möglichst gleichmäßig mit Wärme versorgt werden. Dafür bilden sich bei vielen Vogelweibchen in der Bauchhaut spezielle Wärmepolster. Dieser sogenannte Brutfleck kann aber durchaus auch bei Männchen auftreten, sofern sie zu einer Art gehören, bei der ihnen das Brüten überlassen bleibt. Auch Hühner haben solche Brutflecken. Bei anderen Vögeln wie Gänsen, Enten und Schwänen sprießen in dieser Zeit besonders stark wärmende Daunen, die als Kissenfüllung besonders begehrt sind.

In wärmeren Ländern ist das alles viel einfacher. Da gibt es Vögel, die gar keine Brutpflege treiben. Dazu gehören die Großfußhühner in Australien und auf den westpazifischen Inseln. Man nimmt an, daß diese Gattung Überbleibsel einer sehr frühen Vogelart sind. Ähnlich wie die Reptilien verscharren sie ihre Eier im warmen, feuchten Sand oder Urwaldboden. Nach bis zu 10 Wochen schlüpft das junge Großfußhuhn aus dem Ei und buddelt sich völlig selbständig durch

das Erdreich an die Oberfläche. Seine Eltern bekommt dieses Huhn nie zu sehen.

Andere Arten dieser Gattung scharren große Haufen aus Erde und Pflanzenteilen zusammen und legen dort hinein ihre Eier, die von der Wärme der faulenden Pflanzen ausgebrütet werden.

Wieder andere Großfußhühner scharren täglich den oberen Bereich des Sandhaufens auseinander, um Eier und Sand von der Tagessonne durchwärmen zu lassen. Gegen Abend tragen

Abb. 8: Die Glucke, zugleich Inbegriff der Geborgenheit.

sie dann den Hügel wieder zusammen, damit er die Wärme des Tages über Nacht speichern kann.

Eier in heißen Ländern auszubrüten ist kein Kunststück. Aber wie schaffen es Vögel, die in arktischer Kälte leben? Die *Pinguine* gehören zu den Vögeln, und sie leben in dieser Kälte. Kaiserpinguine bebrüten ein einziges Ei 62 Tage lang. Dabei liegt das Ei auf den Füßen des brütenden Tieres, damit es gegen die Kälte von unten geschützt ist. Das ausgeschlüpfte Junge wird dann von seinen Eltern noch 5 1/2 Monate ernährt. Da haben die kleineren Vögel unserer Breiten es schon wesentlich leichter. Sie kommen mit 10 bis 12 Tagen Brutzeit aus. Und bei den ja nicht ganz kleinen Hühnern reichen 21 Tage.

Eine Zelle lernt laufen

In diesen drei Wochen Brutzeit geschieht ungeheuer viel. Allerdings entwickelt sich ein Hühnerembryo nicht nur in den 21 Tagen, in denen das Ei von der Henne bebrütet wird, sondern sofort nach der Befruchtung, die ja kurz nach dem Eisprung stattfindet. Schon zu diesem Zeitpunkt beginnt die Zellteilung. Aus einer winzigen Zelle entstehen zwei Zellen; diese teilen sich wieder zu vier Zellen usw., bis sich ein komplizierter Organismus gebildet hat: ein lebender Körper.

So vollkommen ein Ei ausgerüstet ist, einen lebensfähigen Körper entstehen zu lassen, so sehr ist es doch auf Hilfe von außen angewiesen. Es braucht beim Huhn nicht nur eine gleichmäßige Temperatur von 37 bis 38° C, sondern auch eine regelmäßige Belüftung. Der Embryo muß nämlich mit Sauerstoff versorgt werden. Wenn Hühner also

von ihrem Nest immer wieder einmal aufstehen, dann nicht nur, um Nahrung aufzunehmen, sondern um jedes Ei zu wenden. Und zwar mehrmals pro Tag. Bereits nach zwei Tagen Brutdauer könnte man im Ei, würde man es öffnen, die Umrisse des winzigen Embryos auf der Keimscheibe erkennen. Diese von Blutgefäßen durchzogene Keimscheibe wächst sehr rasch um das gesamte Eigelb herum und bildet den Dottersack. Durch die Blutgefäße wird der Embryo mit Nährstoffen versorgt. Au-

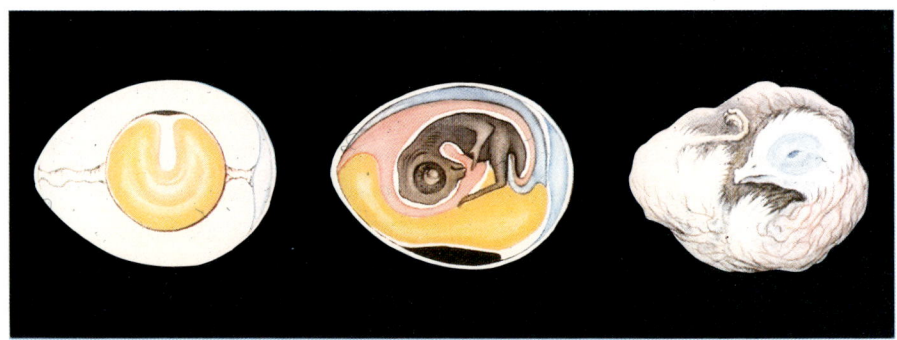

Abb. 9: Der Eier-Embryo in verschiedenen Entwicklungsstadien.

ßerdem bildet sich um ihn eine zusätzliche Schutzhülle und es entsteht eine Blase, die seine Ausscheidungen aufnimmt. Im Gegensatz zu Säugetieren und zum Menschen, bei denen solche Stoffwechselprodukte über die Nabelschnur in die Blutbahn der Mutter transportiert und von ihr ausgeschieden werden, müssen im Ei solche Ausscheidungen bis zum Schlüpfen gespeichert werden. Sonst würde sich der Embryo selbst vergiften.

Und hier nun bewährt sich als ein Vorteil, daß Vögel keinen flüssigen Harn ausscheiden. Flüssigkeit ist nämlich im Ei ausgesprochen knapp.

Die Blase, die die Ausscheidungen aufnimmt, heißt *Allantoisblase*. Sie füllt vor dem Schlüpfen den Zwischenraum zwischen Schale und Dottersack ziemlich aus. Aber sie dient nicht nur als Vorratsbehälter für Abfälle, sondern sie versorgt den Embryo auch mit Sauerstoff aus der Außenluft. Die Allantoisblase enthält nämlich eine ganze Men-

ge Blutgefäße, mit denen sie an der Schale Sauerstoff aufnimmt.

Auch Vogelembryonen haben eine Nabelschnur. Sie ist allerdings nicht mit dem Blutkreislauf der Mutter verbunden, sondern mit dem Dottersack, aus dem der Embryo alle notwendigen Stoffe für seine Entwicklung bezieht. Das ist zum einen Eiweiß und Fett zum Wachsen, dann verschiedene Vitamine und Mineralstoffe. Vor allem für den Knochenaufbau sind eine ganze Menge Mineralstoffe nötig. Die bezieht er freilich nicht aus dem Dottersack, sondern von der Eischale. Auch hier ist die Natur überaus zweckmäßig eingerichtet; denn die Eischale stellt nicht nur einen wichtigen Vorrat an Kalk und Mineralien dar, sondern sie wird durch diese Entnahme auch immer dünner. Was dem fertig entwickelten Küken die Arbeit erleichtert, die Schale zu durchbrechen. Zwei Tage vor dem Schlüpfen ist der Hühnerembryo fast vollständig entwickelt. An seiner Nabelschnur hängt dann nur noch ein kleiner Rest des Dottersacks. Dieser wird nun durch Bewegungen der Bauchmuskulatur ins Leibesinnere gezogen. Auf diese Weise hat das Küken für seinen ersten Lebenstag außerhalb des Eies gewissermaßen einen Reiseproviant. So lange reicht nämlich die Nahrungsreserve dieses Dottersackrestes.

Zum Aussteigen aus dem Ei wächst ihm aber noch ein sogenannter Eizahn auf dem Schnabel. Das ist eine Spitze, mit deren Hilfe das Küken die Schale leichter aufbrechen kann.

Derart komplett ausgestattet kann das Küken schon kurz nach dem Schlüpfen sein Futter selbst picken. Allerdings braucht es auch als Nestflüchter noch den Schutz und vor allem die Wärme der Glucke. So ist es jedenfalls bei den Hühnern und anderen Vögeln, die in der freien Natur oder zumindest doch in einem Stall ein normales „Familienleben" leben können. In den Hühnerfarmen geht es in dieser Hinsicht ganz anders zu.

Brüten ohne Glucke

Wer nun denkt, Hühnerfarmen oder Brutanstalten seien eine Erfindung unserer herzlosen Gegenwart, der irrt sich. Schon rund 500 Jahre vor unserer Zeitrechnung kannten die Ägypter Brutöfen. Das waren aus Ziegel gemauerte Gewölbe von etwa 3 m Höhe mit verschiedenen Kammern. Diese Öfen nannte man *Mamel*. Die nötige Wärme erzeugte man durch Kamel- oder Rindermist, der in Tonschalen schwelte. Durch Öffnungen in jeder Kammer konnte man die Raumwärme ziemlich genau regulieren.

Jede dieser Kammer faßte etwa 3000 Eier. Während der Brutzeit hatten Sklaven ständig dafür zu sorgen, daß die Temperatur konstant blieb. Außerdem mußten sie diese riesigen Mengen von Eiern regelmäßig wenden, wie es die Hühnerglucken ja auch tun. Wenn man davon ausgeht, daß jeder Mamel 6 bis 8 Kammern hatte, dann waren das immerhin bis zu rund 24000 Eier pro Ofen. Die Ägypter müssen einen Riesenbedarf an Küken gehabt haben. Ein Berli-

Abb. 10: Ihre Niedlichkeit wird Küken heute oft zum Verhängnis. Manchmal werden sie in der Osterzeit wie Spielzeug verkauft.

ner Forscher berichtete im 18. Jahrhundert, daß es in Ägypten 386 solcher Brutöfen gegeben habe. Das würde eine Jahresproduktion von ungefähr 92 Millionen Küken bedeuten. Einige dieser Öfen sind bis in unsere Zeit in Betrieb gewesen.

Heute geht die ganze Brüterei vollautomatisch vor sich. In Brutschränken wird die Temperatur elektronisch geregelt; für die Eierwenderei braucht man keine Sklaven mehr. Unser Bedarf an Eiern und damit auch an Legehühnern sowie an Masthähnchen ist enorm. Ob er auf andere Weise als durch diese Brutmaschinen gedeckt werden kann, müßten die Fachleute klären. Immerhin wächst der Widerstand gegen diese Art der Hühnerhaltung allenthalben beträchtlich.

Nach wie vor gibt es aber spezielle Brütereien, die sich ausschließlich mit der Kükenproduktion befassen, wobei das Wort Produktion wörtlich zu nehmen ist. Bei einer Temperatur von genau 37,8° C und einer relativen Luftfeuchtigkeit von 60 bis 80% liegen die befruchteten Eier auf Gestellen, auf denen sie 8mal am Tag automatisch gewendet werden.

Die geschlüpften Küken werden sofort sortiert; denn auch hier geht alles unter Gesichtspunkten der Rentabilität vor sich. Weibliche Tiere sind nämlich schlechtere Futterverwerter und deshalb als Mastgeflügel weniger geeignet. Für die Brathähnchenproduktion hat man sogenannte *Masthybriden* gezüchtet; und zwar durch Kreuzung schwerer Hühnerrassen, die möglichst schnell Fleisch ansetzen.

Als Legehühner sind die weiblichen Tiere allerdings unverzichtbar. Auch da

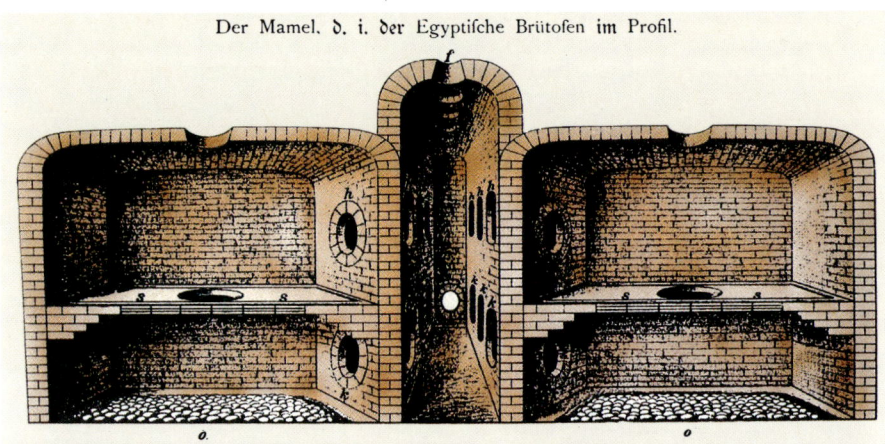

Abb. 11: Der ägyptische Brutofen in einer historischen Darstellung.

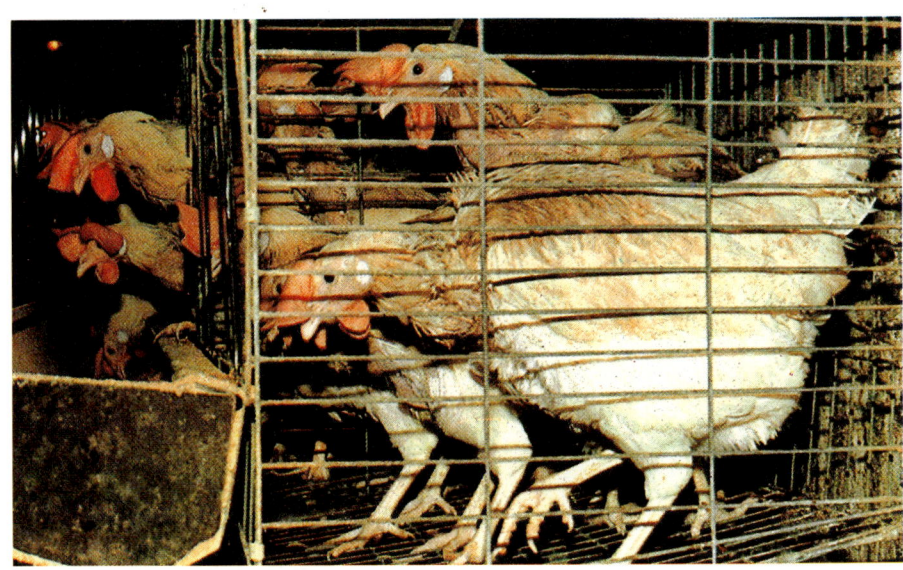

Abb. 12: In einer modernen Hühnerfarm steht alles unter dem Zeichen der Rentabilität.

hat die Züchtung nachgeholfen, weil hier wiederum leichte Rassen nützlich sind, bei denen das Futter nicht zusätzliches Gewicht, sondern vor allem eine höhere Eierproduktion erzeugt.

Es gibt rund 150 Hühnerarten, die durch Züchterfleiß nicht nur auf Legeleistung und Fleisch, sondern auch auf bunte Färbung und Schönheit gezüchtet worden sind. Diese vielen Arten sind für die intensive wirtschaftliche Nutzung kaum geeignet, denn 270 Eier pro Jahr schaffen diese Tiere einfach nicht.

Eier und Hühnerfleisch vom Fließband — wer einmal auf dem Dorf oder auf einem Markt Eier von freilebenden Hühnern bekommen und gegessen hat, der kennt den Unterschied. Vielleicht sollten wir weniger an die Masse als an die Qualität denken und damit bewirken, daß die Fließbandprodukte wirtschaftlich uninteressanter werden als zum Beispiel Eier freilaufender Hühner; selbst wenn sie teurer sind. Muß denn jeder von uns im Jahr 275 Eier essen? Soviel sind es nämlich im Durchschnitt. Im Jahr 1983 wurden in der Bundesrepublik rund 17 Milliarden Eier verkauft. Davon sind 68% im Haushalt verbraucht worden; der Rest sowohl von der Gastronomie wie von der Industrie.

Eier, einmal als Nahrungsmittel betrachtet

Eier haben viel Eiweiß, sie sättigen stark und sind trotzdem bekömmlich und gut verdaulich. Eierspeisen lassen sich sehr schnell und ohne großen Aufwand herstellen und sie sind nicht einmal teuer. Betrachten wir das Ei also einmal im Hinblick auf seine Eigenschaften als Nahrungsmittel.

Abb. 13: Der hauptsächliche Kaloriengehalt steckt im Eidotter.

Der *Dotter* schmeckt nicht nur am besten; er ist auch besonders nährstoffreich. Immerhin ist er für das Küken die Hauptnahrung. Obwohl ein Ei im Durchschnitt etwa doppelt soviel Eiklar wie Dotter enthält, stecken im Dotter etwa dreimal mehr Kalorien als im Eiklar. Ein durchschnittliches Ei von etwa 65 g Gewicht enthält insgesamt rund 105 Kilokalorien. Davon entfallen allein auf den Dotter etwa 80 Kilokalorien und auf das Eiklar nur noch etwa 25. Oder vergleichen wir einmal die Gewichtsmengen: 100 g Eiklar haben 56 Kilokalorien; 100 g Eidotter hingegen 370 Kilokalorien.

Dafür besitzt das *Eiklar* wesentlich mehr Wasser, was für den Hühnerembryo lebenswichtig ist. Es sind nämlich 87% Wasser bei nur 12% Eiweißstoffen. Wenn wir beim Eiklar von Eiweiß sprechen, dann ist das nicht ganz korrekt. Es wird zwar beim Kochen weiß; aber es enthält nur 12% eigentliches Eiweiß, und das ist weniger als im Eidotter, der es immerhin auf 16% Eiweiß bringt.

Aminosäuren — die Bausteine des Lebens

Kenner der *Hobbythek* werden wissen, daß Eiweiß nicht gleich Eiweiß ist (das haben wir im Zusammenhang mit der Sojabohne in dem Kapitel über fernöstliche Küche genau beschrieben; vgl. *Das Hobbythek-Buch 8* und *Das große Hobbythek-Buch vom Essen/2*).

Es gibt verschiedene Eiweißarten — auch Aminosäuren genannt — von denen einige lebenswichtig sind. Man nennt sie deshalb auch *essentielle Aminosäuren*. Sie sind durch nichts zu ersetzen. In der Skala der „biologischen Wertigkeit" stehen sie ganz oben. Nahrungsmittel, die einen besonders hohen Gehalt an solchen essentiellen Aminosäuren enthalten, werden deshalb auch als biologisch hochwertig bezeichnet. Zur Verdeutlichung ein paar Beispiele:

Beim *Mais* beträgt diese biologische Wertigkeit nur 24 bis 50%. Bei *Kartoffeln* sind es schon 71 bis 79%, bei *Roggenbrot* 75%, bei *Fleisch* je nach Sorte 65 bis 99%, bei *Milch* 92 bis 100%, bei

Abb. 14:   Der Anteil der essentiellen Aminosäuren in verschiedenen Lebensmitteln.

Fisch 94%. Natürlich interessiert uns hier besonders das Ei. Und da gilt, daß *Vollei* eine biologische Wertigkeit von 94% hat, oder mit anderen Worten: von der Gesamtheit der vom menschlichen Organismus benötigten Aminosäuren liefert das Ei 94%.

Bei Fetten und Kohlehydraten ist unser Körper schon weit weniger anspruchsvoll, weil er sich die benötigten Fett- und Zuckerarten aus anderen Stoffen aufbauen kann. Das ist bei Eiweiß nicht möglich. Aber ausgerechnet diese Eiweißstoffe werden unmittelbar zum Aufbau von Muskel-, Organ-, Nerven- und Blutzellen gebraucht; aber auch zur Bildung von Hormonen, Antikörpern usw. Vor allem Kinder sind deshalb auf ausreichende Eiweißzufuhr an-

gewiesen. In den Hungergebieten der Entwicklungsländer wirkt sich darum vor allem der Mangel an essentiellen Aminosäuren besonders verheerend aus.

An unserer Liste der biologischen Wertigkeit von Nahrungsmitteln können Sie schon erkennen, daß man seinen Eiweißbedarf sowohl aus tierischer wie aus pflanzlicher Nahrung decken kann. Allerdings ist bei kleinen Kindern eine streng vegetarische Nahrung zumindest bedenklich. Wer von Fleisch nicht viel hält, sollte zumindest die pflanzliche Kost mit Milch, Käse und Eiern kombinieren.

Eiweiß aus pflanzlicher Nahrung hat aber auch seinen Vorteil. Sie enthält die Ballast- und Mineralstoffe sowie die Vit-

amine, die der Körper ebenfalls dringend braucht.

So vollkommen, nützlich, angenehm schmeckend das Ei ist — es enthält doch einen Stoff, der von unserem Organismus nicht verarbeitet werden kann. Das ist ein in kleinen Mengen vorhandener Eiweißstoff, auch *Avidin* genannt, der im rohen Zustand nicht nur unverdaulich ist, sondern dem Körper sogar das sogenannte *Biotin* entzieht, ein Vitamin des B-Komplexes, das für die Hautbildung sehr wichtig ist. Haarausfall und Hautentzündungen können die Folge sein. Diese Gefahr besteht aber nur bei *rohen* Eiern. Wir sagen dies deshalb, weil es ja die verbreitete Meinung gibt, daß roh geschlürfte Eier besonders gesund seien. Durch Erhitzen

wird das Avidin so verändert, daß es verdaulich wird. Da es aber im Dotter nicht enthalten ist, kann Eidotter bedenkenlos roh gegessen werden. Dies zu Ihrer Beruhigung, wenn Sie Tartar gern mit Ei essen, Eierlikör, Mayonnaise und Remoulade mögen oder als Spezialist von Süßspeisen sich ab und zu eine italienische Zabaione genehmigen möchten (das Rezept steht auf *Seite 117*).

Schließlich gibt es im Ei nicht nur Eiweiß, Wasser, Mineralstoffe und Vitamine, sondern auch *Fett*. Und zwar eine ganze Menge. In der Trockenmasse des Eidotters sind 31,5% Fettstoffe und nur 16,5% Eiweißstoffe enthalten. Die restlichen 2% entfallen auf Mineralstoffe, Traubenzucker, Glucose und sonsti-

Abb. 15:   Das unverdauliche Avidin stört nur im rohen Ei.

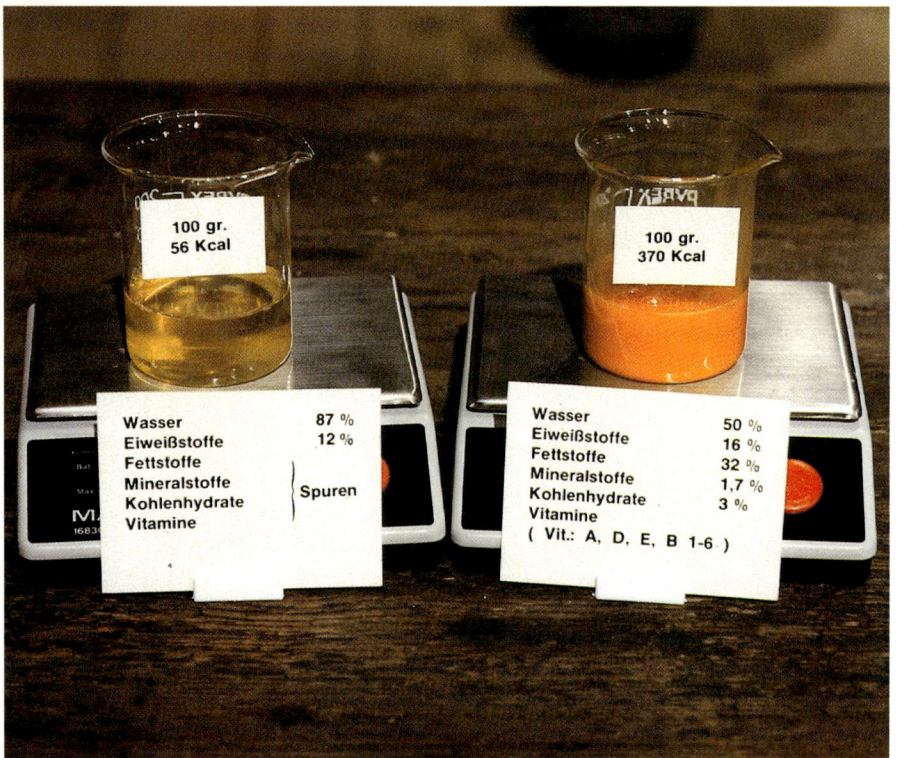

Wasser	87 %
Eiweißstoffe	12 %
Fettstoffe	
Mineralstoffe	Spuren
Kohlenhydrate	
Vitamine	

Wasser	50 %
Eiweißstoffe	16 %
Fettstoffe	32 %
Mineralstoffe	1,7 %
Kohlenhydrate	3 %
Vitamine	
(Vit.: A, D, E, B 1-6)	

Abb. 16: Hier haben wir Ihnen einmal die Bestandteile von je 100 g Eiklar und Eigelb aufgelistet.

ge Verbindungen. Auf einen Fettstoff besonderer Art wollen wir hier eingehen:

Lecithin — ein natürlicher und nützlicher Emulgator

Bei vielen Lebens- und Fortpflanzungsfunktionen im Tier- und Pflanzenreich spielt *Lecithin* eine Rolle. Hirn- und Nervenzellen, aber auch Muskelgewebe, das wie das Herz und Zwerchfell einer Dauerbelastung ausgesetzt ist, brauchen Lecithin. Dieser Stoff ist im Eigelb reichlich vertreten. In größeren Mengen findet man Lecithin sonst nur noch in Sojabohnen. Für industrielle Zwecke bezieht man es heute fast ausschließlich aus Sojaöl.

Lecithin ist ein hervorragender *Emulgator.* Man benutzt es deshalb auch bei der Herstellung von Margarine, um ihr eine butterähnliche Konsistenz zu geben. In Schokolade sorgt Lecithin dafür, daß sich auch bei längerer Lagerung die Kakobutter nicht als ein stumpfer weißer Film auf der Schokolade absetzt. In der Backindustrie begünstigt es die bessere Vermischung der Zutaten und eine schönere Kruste, in der kosmetischen Industrie verwendet man es zur Herstellung von Zahnpasta, Seifen und Cremes und schließlich braucht man es noch bei der Produktion von Arzneimitteln.

Wir werden bei unseren Rezepten ab *Seite 93* seine Eigenschaft als Emulgator nutzen.

Das problematische Cholesterin

Cholesterin ist zwar sehr ins Gerede gekommen; aber der Körper braucht diesen Stoff zu seinem Aufbau. Natürlich ist deshalb im Ei auch Cholesterin enthalten. Das Küken hätte sonst Schwierigkeiten beim Aufbau der Zellmembranen.

Vollei enthält 0,46% Cholesterin, Eigelb sogar 1,6%. Rindfleisch hingegen nur 0,12% und Milch sogar nur 0,01%. Allerdings muß man bei der Milch den hohen Wassergehalt berücksichtigen. Jedes tierische Nahrungsmittel ist mit mehr oder weniger Cholesterin durchsetzt.

Aber warum ist dieser Stoff für unseren Körper so problematisch?

Übermäßige Aufnahme von Cholesterin führt zu einem erhöhten *Cholesterinspiegel* im Blut und schließlich zu Ablagerungen an den Arterienwänden, bei denen man fachmännisch von *Arteriosklerose* spricht. Im Volksmund nennt man sie auch Verkalkung. Sie verursacht ein erhöhtes Herzinfarktrisiko, aber auch Einschränkung der Hirnfunktion und andere schlimme Leiden. Diese Risikofaktoren können sich durch starkes Rauchen, übermäßigen Streß und andere Belastungen verstärken.

Abb. 17:	Cholesterin kann schädlich sein; aber der Körper braucht es auch dringend zum Aufbau.

Nun muß aber nicht jeder, der viel cholesterinreiche Nahrung zu sich nimmt, automatisch auch viel Cholesterin im Blut haben. Das hängt von der Verfassung jedes einzelnen Menschen ab. Deshalb brauchen sich Gesunde auch vor Eiern nicht zu fürchten, selbst wenn es zum Beispiel zu Ostern 4 bis 6 Stück am Tag sind. Allerdings hat man inzwischen eingesehen, daß zum Beispiel eine Eierdiät gefährlich werden kann, wie sie zum Schlankwerden vor einigen Jahren in Mode war. Wie jede einseitige

Ernährung kann sie auf Dauer zu ernsthaften Gesundheitsschäden führen.

Was ist noch im Ei?
In dem besonders gehaltvollen Eigelb gibt es schließlich noch eine ganze Reihe von *Vitaminen*. So die Vitamine A, B$_1$, B$_2$, D, E, K und das Provitamin A (β-Carotin) und schließlich noch *Nicotinsäure* und *Pantothensäure* und *Biotin*. Das Provitamin A wird von den Hühnern vor allem mit dem Grünfutter aufgenommen. Deshalb sind die Eigelbe von

freilaufenden Hühnern auch besonders intensiv in der Farbe. Da behelfen sich die Hühnerfarmen mit entsprechenden Zusätzen beim Futter. Es ist also irrig zu glauben, daß Eier mit kräftig gelb gefärbten Dotter von besonders gesunden oder freilebenden Hühnern gelegt worden sind. Das wichtige Vitamin C fehlt im Eigelb hingegen völlig.

Vertreten sind von den *Mineralstoffen* Calcium, Eisen, Phosphor und Schwefel. Vor allem im Eiklar gibt es schließlich noch Natrium, Kalium, Chlor und ebenfalls Schwefel.

Kohlenhydrate sind hingegen im Ei kaum vertreten. Aber die nehmen wir ja reichlich mit dem Brot, Nudeln und anderen pflanzlichen Nahrungsmitteln auf. Im Ei machen sie nur 0,3% aus, und sie bestehen im wesentlichen aus kleinen Mengen Traubenzucker und Glykogen. Zuckerkranke können also ohne Probleme Eier essen.

Wir essen nicht nur Hühnereier
Auch die Eier vieler anderer Vogelarten schmecken gut. Nur stehen sie nicht in ausreichender Menge zur Verfügung und außerdem sind sie nicht in jedem Falle gut für die Gesundheit. Sie können nämlich mit Salmonellen verseucht sein, wie zum Beispiel Enteneier (mehr darüber auf *Seite 87*).

Aber es gibt auch Eier, die einfach nicht schmecken. Pfaueneier sollen geradezu widerlich süß sein. Möweneier wiederum dürfen in Deutschland nur zu bestimmten Jahreszeiten gesammelt werden. Sie liegen übrigens — so klein sie sind — reichlich schwer im Magen. Außerdem wird ihr Eiklar zwar fest, aber es bleibt nahezu durchsichtig, was manche Leute stört. Kiebitzeier waren

Abb. 18: Auch Wachteleier *(mitte)* und Kaviar *(rechts)* sind Eier — letzterer sogar eine besondere Delikatesse mit einem besonderen Preis. *Links* ein Möwenei.

früher überaus beliebt. Man sammelte sie auf Wiesen und hatte sie dadurch praktisch umsonst. Da die Kiebitze aber vom Aussterben bedroht sind, ist dies heute verboten.

Die vielen Wachteleier, die man in Delikatessengeschäften kaufen kann, stammen von gezüchteten Tieren. Diese Eier sind entsprechend klein und teuer.

Hin und wieder bekommt man auch die großen Gänseeier, die zu Ostern gern bemalt werden.

Zu den Eiern gehören aber auch Delikatessen, an die man in diesem Zusammenhang zunächst gar nicht denkt. So der begehrte *Kaviar,* der aus dem unbefruchteten Rogen des Störs gewonnen wird. Der sogenannte Deutsche oder falsche Kaviar ist nichts anderes als der eingesalzene und gefärbte Rogen des Seehasen.

Tausendjährige Eier und jüngere — oder: wie frisch muß ein Ei sein?

Die Chinesen waren wahrscheinlich die ersten, die über das Haltbarmachen von Eiern nachgedacht haben. Die Rezepte, die dabei herausgekommen sind, gelten in China in abgewandelter Form bis heute. Die dort beliebten „Tausendjährigen Eier" sind fermentierte Eier, die bei diesem Prozeß eine blauschwarze Farbe annehmen. Sie sind mehrere Monate haltbar. Diese Eier gelten in China als Delikatesse; den Euro-

päern hat man sie aber bis heute nicht schmackhaft machen können. Schließlich hat man das Lagerproblem inzwischen ja auch ganz anders gelöst; zum Beispiel durch Kühlhäuser.

Wenn sich Eier aber so einfach in Kühlhäusern lagern lassen, weshalb wird dann derart auf Frische geachtet?

Im Hinblick auf die Frische gibt es in der Lebensmittelverordnung für Eier folgende Güteklassen:

Klasse A   oder „frisch";
Klasse B   oder „2. Qualität oder haltbar gemacht";
Klasse C   oder „aussortiert, für die Nahrungsmittelindustrie bestimmt".

Bei Eiern der Klasse A darf die Luftkammer nicht höher als 6 mm sein. Das ist ein ziemlich sicherer Nachweis der Frische. Sie dürfen auch keinerlei Einschlüsse enthalten und sie müssen frei von fremdem Geruch sein. Eier nehmen nämlich besonders leicht fremde Gerüche an, was für die Lagerung im Kühlschrank wichtig zu wissen ist. Eier der Klasse A dürfen auch von außen nicht verschmutzt sein. Schmutz darf auch durch Waschen nicht beseitigt werden, weil sonst die Gefahr besteht, daß durch die poröse Schale Keime nach innen dringen. Bei Eiern — und auch bei Hühnerfleisch — besteht immer die Gefahr einer Infizierung mit *Salmonellen*. Sie werden beim Kochen zwar abgetötet; aber dazu muß ein Ei wirklich hart und Fleisch absolut durchgegart sein. Bei den handelsüblichen Eier und Hähnchen kann man vor solchen Infektionen bei uns sicher sein. Immerhin gibt es für Enteneier aber die Verordnung, daß sie als solche gekennzeichnet werden und den Hinweis tragen müssen, daß sie mindestens 10 Minuten gekocht werden müssen.

Ein weiteres wichtiges Merkmal der Güteklasse A ist, daß die Eier vor dem Verkauf nicht im Kühlhaus gelagert werden dürfen. Der Einzelhändler kann sie zwar 3 Tage vor dem Verkauf kühlen; allerdings ist das gar nicht nötig, denn Eier kann man bei ganz normaler Raumtemperatur ohne weiteres 2 bis 3 Wochen lagern.
Eier der Güteklasse B können haltbar gemacht oder gekühlte Eier sein. Eier der Klasse C werden nur in der Industrie verarbeitet.
Aber was ist an Kühlhauseiern so schlecht?
Es ist schlichtweg der Geschmack, der bei längerer Lagerung leidet. Dabei gibt

Abb. 19: Flüssigei-Produktion in einer holländischen Firma, die in der Bundesrepublik für Schlagzeilen gesorgt hat.

man sich bei der Kühlung eine Menge Mühe. Verwendet werden nur frische, einwandfreie Eier, die zunächst in speziellen Räumen vorgekühlt werden, damit sich im eigentlichen Kühlraum kein Schwitzwasser bildet. Gelagert werden diese Eier schließlich bei einer Temperatur zwischen 0 und 1,5° C. Die Luftfeuchtigkeit liegt zwischen 85 und 90%, damit die Eier nicht zu stark austrocknen. Außerdem wird Frischluft zugeführt. Die Kühlräume sind desinfiziert. Es wird also eine Menge getan.

Trotzdem ist das Ergebnis lediglich ein Ei der Güteklasse B.
Man kann Eier zusätzlich unter dem Druck eines Gases — wie zum Beispiel Kohlendioxyd — lagern. Man spricht dann von „stabilisierten Eiern".

Eiprodukte
Eiprodukte sind in letzter Zeit etwas in Verruf geraten, weil zwischen Holland und Deutschland ein schwunghafter Handel mit Flüssigei stattgefunden hat, bei dem es nicht ganz hygienisch und

mit rechten Dingen zugegangen ist. Das sind aber Ausnahmefälle.

In der Lebensmittelindustrie werden Eiprodukte in riesigen Mengen zum Beispiel zur Nudelherstellung verwendet. Man gewinnt diese Produkte aus den vielen Millionen *Knickeiern*, die auf den Hühnerfarmen anfallen. Bei diesen Eiern ist die Kalkschale angeknackst, das Schalenhäutchen darunter aber noch unversehrt. Ist auch dieses Schalenhäutchen beschädigt, dann spricht man von *Brucheiern*. *Windeier* hingegen sind solche Eier, denen von Geburt an die Kalkschale fehlt.

Schließlich gibt es noch Eier mit Einschlüssen oder Verunreinigungen, was man beim Durchleuchten mit ganz normalem Licht feststellen kann. Alle Eier, die nicht völlig einwandfrei sind, werden in *Eiprodukte* umgewandelt. Und dabei unterscheidet man wiederum mehrere Arten: *Gefrierei, Trockenei* und *Flüssigei*. Bei allen Verfahren werden die Eier von der Schale getrennt und untereinander vermischt.

Gefrierei wird hergestellt, indem man die durcheinandergemischten (homogenisierten) Eier bei –23 bis –25° C einfriert und bei –20° C lagert. Vor dem Einfrieren wird die Masse bei 60 bis 62° C pasteurisiert. Dabei wendet man spezielle Verfahren an, die verhindern, daß das Ei fest wird. Normalerweise beginnt es bei dieser Temperatur schon zu gerinnen. Gefrierei kann man bis zu einem Jahr lagern.

Trockenei wird auf verschiedene Weise hergestellt. Beim Sprühverfahren wird die erwärmte Eimasse in feinste Teilchen zerstäubt und bei etwa 25° C getrocknet. Durch seinen Fett- und Zuckergehalt ist das Trockenei nur be-

grenzt haltbar. Chemische Konservierungsstoffe sind nicht erlaubt.

Flüssigei kann mit Konservierungsstoffen wie Sorbin und Benzoesäure versetzt werden. Es wird vor allem für die Herstellung von Nudeln, Backwaren, Süßigkeiten, Mayonnaise usw. verwendet.

Wenn Sie Eier doch einmal konservieren wollen . . .

Es gibt eine Methode, die das Ei weder unansehnlich macht noch seinen Geschmack beeinträchtigt: die Konservierung mit *Wasserglas*. Das ist eine Flüssigkeit, die aus Natronlauge und Silicat besteht. Das Wasserglas, das man in Chemikalienhandlungen oder auch in Apotheken kaufen kann, ist normalerweise eine 33- bis 35%ige Natriumsilicat-Lösung. Sie wird mit der 10fachen Wassermenge verdünnt. Am besten machen Sie das in einem großen Einmachglas mit gut sitzendem Deckel; denn Wasserglas zersetzt sich an der Luft sehr leicht und es wird dann unwirksam. Auch die Vorratsflasche muß immer gut verschlossen werden.

In diese Lösung können Sie die frischen rohen Eier legen und den Deckel verschließen. Die in der Lösung enthaltenen Silicate setzen sich in die offenen Poren der Eischale und dichten sie ab. Danach können weder von außen Keime eindringen, noch kann von innen Flüssigkeit verdunsten. Die so abgedichteten Eier lassen sich bei Raumtemperatur ohne weiteres ein halbes Jahr lagern.

Wenn Sie diese Eier später kochen wollen, müssen Sie sie auf beiden Seiten mit einer Nadel anstechen. Da alle Po-

ren geschlossen sind, platzen sie sonst leicht.

Früher konservierte man Eier, indem man sie in Kalkwasser legte. Davon würden wir abraten. Bei dieser Methode wird die Schale brüchig und auch der Geschmack des Eies leidet.

Abb. 20: Mit Wasserglas kann man Eier für ein halbes Jahr bei Raumtemperatur konservieren.

Wie kann man die Frische eines Eies prüfen?

Die einfachste Prüfmethode geht so: Legen Sie ein rohes Ei in eine mit Wasser gefüllte Schüssel. Bleibt es flach im Wasser liegen, dann ist es garantiert frisch. Legt es sich hingegen leicht schräg, dann ist es etwa 7 bis 14 Tage alt. Stellt es sich aber mit der stumpfen Seite nach oben, dann ist es mindestens 3 Wochen alt. Noch ältere Eier steigen sogar an die Wasseroberfläche. Die Ursache für dieses unterschiedliche Verhalten kann man sich leicht erklären. Die poröse Eierschale ist ja in gewissen Grenzen luftdurchlässig. Die Luftkammer am stumpfen Ende wird um so größer, je älter das Ei ist, weil immer mehr Flüssigkeit aus dem Inneren verdunstet. Der Auftrieb wird an der Stelle bewirkt, wo sich die Luftblase befindet. Deshalb richtet sich das Ei um so stärker auf, je größer das Volumen der Luftkammer geworden ist.

Allerdings kann dieser Test durch die Lagerung des Eies verfälscht werden. Wurde es zum Beispiel bei sehr hoher Luftfeuchtigkeit gelagert, dann ist wesentlich weniger Flüssigkeit verdunstet, als dem Alter des Eies eigentlich gemäß wäre. Es verhält sich dann wie ein frischeres Ei.

Es gibt auch zur Nachprüfung dieses Verfälschungsfaktors eine sehr einfache und zuverlässige Methode. Allerdings muß man dafür das Ei auf einem flachen Teller aufschlagen. Dann können Sie erkennen, ob der Dotter und das Eiklar sich noch hochwölben. Bei einem wirklich frischen Ei kann man außerdem erkennen, daß das Eiklar aus zwei Schichten besteht. Die eine liegt um den Dotter herum und ist besonders hoch gewölbt; die zweite bildet den äußeren Abschluß und ist etwas flacher. Bei älteren Eiern ist der Dotter insgesamt flach und das Eiklar dünnflüssig, so daß es breit auseinanderfließt.

Auch an hartgekochten Eiern kann man die Frische erkennen. Sitzt der Dotter nicht mehr in der Mitte, sondern am äußeren Rand, dann sind die Eier ziemlich alt.

Abb. 21: Eine ganz einfache Frischeprobe: Je älter das Ei ist, um so größer wird die Luftkammer und um so stärker richtet sich das Ei im Wasser auf.

Wie unterscheidet man gekochte von rohen Eiern?

Oft geraten hartgekochte Eier zwischen die frischen im Kühlschrank. Manchmal ist es sogar ein weichgekochtes Ei, das beim Frühstück übriggeblieben ist. Diese Eier kann man übrigens wieder erhitzen, ohne daß sie dadurch hart werden. In Hotels mit nicht allzu hochstehender Küchenkultur werden so die am Abend vorgekochten Eier morgens angewärmt.

Wie unterscheidet man gekochte Eier von rohen?

Ganz einfach: man macht den *Rotationstest.* Versetzen Sie ein auf dem Tisch liegendes Ei in Drehungen. Läuft das Ei rund, dann ist es gekocht. Stoppt es hingegen umgehend, dann ist es roh. Die gallertartige Masse im Inneren verhindert das freie Entfalten des Drehimpulses durch innere Gegenwirkung.

Noch ein Wort zur Größe der Eier

Nach der schon zitierten Lebensmittelverordnung werden Eier in Gewichtsklassen unterteilt:

Klasse 1: 70 g und darüber
Klasse 2: unter 70 bis 65 g
Klasse 3: unter 65 bis 60 g
Klasse 4: unter 60 bis 55 g
Klasse 5: unter 55 bis 50 g.

Man sieht es den Eiern auf den ersten Blick nicht an, daß sie sich derart stark im Gewicht unterscheiden. Wenn es in einem Rezept heißt, man nehme 3 Eier, dann spielt es schon eine Rolle, ob es dann insgesamt 210 g oder nur 150 g sind.

Das Ei — die vielseitige Gaumenfreude

Bevor wir Ihnen einige Rezepte verraten wollen, hier noch ein paar allgemeine Tips für den Umgang mit Eiern in der Küche.

Mit Eiern kann man fast alles machen

Versuchen Sie sich einmal vorzustellen, wie unser Speisezettel ohne Eier aussähe. Unsere Frühstückskultur würde doch stark leiden, Kuchen und Torten wären eine substanzlose Sache. Und dann erst die Süßigkeiten: all die luftigen Cremes würde es nicht geben. Und mit den Eiernudeln wäre es auch nichts, wie Sie rechts im ersten Teil dieses Buches unschwer feststellen können. Wir sollten also der Natur dankbar sein, daß sie Wunderwerke wie das Ei entstehen ließ.

Zu diesen wunderbaren Eigenschaften gehört auch, daß Eier sowohl im rohen

Abb. 22: Frische Hühnereier.

wie im erstarrten Zustand gegessen werden können. Erhitzt man Eier stärker als etwa 62 bis 65° C, dann gerinnt das Eiweiß und verliert damit auch seine Lebensfähigkeit. Gerinnen heißt hier, daß aus der gallertartigen Masse eine feste Substanz wird. Trotzdem bindet das Eiweiß in seinen Zellen sehr viel Wasser; denn es enthält auch nach dem Kochen immer noch 83% Wasser. Beim Eidotter ist diese Bindung wegen des hohen Fettgehaltes nicht so stark, so daß es eher bröckelig wird.

In der Küche macht man sich die Gerinnungsfähigkeit des Eies bei relativ niedriger Temperatur zunutze, indem man das Eiweiß als Bindemittel zum Beispiel für Hackfleischklöße, Kartoffelklöße, Grieß- und Mehlklöße usw. verwendet.

Aber man kann mit Ei auch Cremesuppen legieren oder Saucen und anderes. Schließlich kann man das Eiweiß zum *Klären von Fleischbrühe* benutzen. Um kleinste Teilchen in der Brühe zu binden, gibt man in die kochende Flüssigkeit unter Rühren etwas Eischnee. Er gerinnt und bindet dabei die in der Brühe treibenden Teilchen. Die Bouillon wird dann durch ein Tuch gefiltert und ist anschließend völlig klar.

Schaumschlägereien

Wußten Sie, daß beim Schlagen von Eischnee das Volumen des Eiklars bis zu 700% zunehmen kann; also etwa um das Siebenfache? So viel Luft kann das Eiklar nämlich in kleinsten Bläschen festhalten. Das geht auf die Klebefähigkeit und die Elastizität des Eiweißes zurück. Verantwortlich sind dafür die sogenannten *Globuline* im Eiklar. Globuline bilden eine Gruppe von Eiweißstof-

fen, die im menschlichen Organismus eine sehr wichtige Funktion übernehmen, und die deshalb eine hohe biologische Wertigkeit haben. Die schaumstabilisierende Wirkung geht aber noch auf einen Stoff zurück: das sogenannte *Ovomucin*, einen ebenfalls im Ei vorhandenen Eiweißstoff.

Eier, die weniger als einen Tag alt sind, lassen sich übrigens noch nicht zu Schnee schlagen. Schlecht geeignet sind auch alte Eier, weil das Eiklar mit der Zeit immer flüssiger wird und seine Elastizität verliert.

Für einen guten, haltbaren Eischnee sollte das Eiklar etwa Zimmertemperatur haben; also nicht direkt aus dem Kühlschrank kommen.

Eischnee hat ausreichende Steifigkeit, wenn man die Schüssel umdrehen kann, ohne daß der Schnee sich bewegt oder gar herausläuft. Mit einem elektrischen Mixer geht das relativ schnell; vor allem bei großen Mengen. Durch Zusatz einer Prise Salz oder von etwas Zitronensaft wird die Schneemasse stabiler und größer. Zucker hingegen sollte man — soweit er über-

Abb. 23: Eischnee kann das siebenfache Volumen von ungeschlagenem Eiklar annehmen.

haupt nötig ist — erst zum Schluß hinzufügen und dann möglichst feinkörnigen oder Puderzucker nehmen. Das Volumen des Eischnees wird durch Zucker geringer; die Stabilität hingegen steigt.

Das Gelbe vom Ei

Ohne Eiklar kein Eischnee; nichts geht jedoch über das Eigelb. Ohne den Eidotter gäbe es zum Beispiel keine Mayonnaise. Sie gelingt nämlich nur, weil der Eidotter eine *emulgierende Wirkung* hat. Sie kommt durch das Lecithin zustande, mit dessen Hilfe sich Wasser und Öl miteinander verbinden lassen. Gießt man Wasser und Öl in einem Glas zusammen, dann wird das Wasser immer unten bleiben und das Öl oben schwimmen. Da hilft auch kein Rühren. Gibt man jedoch einen Emulgator hinzu — das kann zum Beispiel auch ein Geschirrspülmittel sein —, dann verbinden sie sich plötzlich. So ähnlich wirkt auch das Eilecithin. Mehr dazu erfahren Sie bei unserem Mayonnaise-Rezept auf *Seite 113*.

Außerdem ist das Eigelb ein klassisches Färbemittel. Kuchen, Eiernudeln, Nachspeisen und vieles andere mehr erhalten durch Eier eine wunderschöne Farbe, die zugleich signalisiert, daß es hier gehaltvoll zugeht.

Daß Eigelb auch hervorragend zum *Panieren* von Fleisch, Fisch und sogar Gemüsen verwendet werden kann, werden Sie wissen. Die Panade hat auch den Zweck, die damit eingehüllten Gerichte saftig zu halten.

Auf die vielfältigen Verwendungsmöglichkeiten des Eidotters beim Backen gehen wir ab *Seite 107* ein.

Rezepte, Rezepte...

Fangen wir mit dem Einfachsten an: gekochte Frühstückseier

Der Witz: „Ich habe die Eier 10 Minuten lang gekocht, und da waren sie immer noch hart" zeigt, daß das Weichkochen eines Eies einem nicht in die Wiege gelegt wird, sondern zu lernen ist.

Vor dem Kochen werden die Eier am stumpfen Ende mit einer Nadel eingestochen; es gibt auch spezielle Eierpieker dafür. Dieses kleine Loch verhindert, daß die Eier platzen, wenn sie mit einem Löffel vorsichtig in das kochende Wasser gelegt werden.

Weiche Eier kocht man 4 bis 4 1/2 Minuten, wachsweiche Eier, deren Eigelb bereits beginnt fest zu werden, 5 bis 6 Minuten, harte Eier 8 bis 10 Minuten.

Eier im Glas

Das sind im Prinzip weiche Eier. Weiche oder wachsweiche Eier werden geschält, in ein breites Glas gegeben, mit einem Stück Butter oder mit Worcestersauce serviert. Salz und frisch gemahlenen schwarzen Pfeffer gibt man je nach Geschmack hinzu. Sehr gut schmecken dazu auch frischgehackte Kräuter.

Abb. 24:   Erst ein weiches Ei macht das Frühstück komplett.

Spiegeleier

Wenn Sie möglichst frische Eier verwenden, läuft das Eiklar in der Pfanne nicht zu sehr auseinander.

Die Eier bei mittlerer Hitze so lange braten, bis das Eiklar völlig fest, der Dotter aber noch flüssig ist. Erst zum Schluß salzen, sonst gibt es auf dem Dotter weiße Flecken. Spiegeleier beim Braten nicht zudecken oder gar wenden, sonst wird der Dotter weiß und unansehnlich.

Auch über Spiegeleier kann man frischgehackte Kräuter streuen.

Spiegeleier mit Käse sind eine Abwandlung, die sich kinderleicht zubereiten läßt, aber einen sehr interessanten neuen Geschmack ergibt. Sobald das Eiklar in der Pfanne eine dünne weiße Schicht gebildet hat, werden dünne kleine Goudascheiben auf das Ei gelegt. Sie sinken in das Eiklar ein, schmelzen beim weiteren Braten leicht an und verbinden sich so mit dem Ei. Bitte die Käsescheiben nicht neben das Ei legen, weil das schnell etwas unangenehm riecht.

Spiegeleier mit Käse auf Schinken sind eine weitere Variante. Bereiten Sie eine Scheibe Brot mit rohen Schinkenwürfeln vor, legen Sie ein oder zwei Spiegeleier mit Schinken noch heiß darauf, garnieren Sie mit Gewürzgurken, fertig. Man nennt dies auch Hamburger Kraftbrot, das ein schnell zu bereitendes gehaltvolles Frühstück ergibt.

Sehr gut schmeckt auch eine Variante, bei der statt des rohen Schinkens ein mit Leberwurst bestrichenes Brot genommen wird. Allerdings schmilzt die Leberwurst durch das warme Ei leicht an, was aber den guten Geschmack keineswegs beeinträchtigt.

Abb. 25: Wenn man Eier in eine *heiße* Pfanne schlägt, bekommen sie einen knusprigen braunen Rand.

Ham and Eggs

Auch dies ist eine Kombination aus Schinken und Ei. Allerdings wird sie anders zubereitet: Man nimmt rohen Schinken oder durchwachsenen Speck in Scheiben, legt ihn in die heiße Pfanne und schlägt darauf die Spiegeleier. Kein zusätzliches Salz verwenden, da der Schinken beim Braten salziger wird.

Rührei

Verquirlen Sie zwei Eier mit 5 Eßlöffeln Milch, Salz, Pfeffer und ein wenig frisch geriebener Muskatnuß. Geben Sie die Mischung bei mittlerer Hitze in die Pfanne, in der vorher Margarine oder Butter zerlassen worden ist.

Die Eimasse vorsichtig mit einem Löffel oder Pfannenwender durchrühren. Die am Boden und am Rand der Pfanne bereits gestockte Eimasse muß nämlich durch Rühren wieder abgelöst werden, damit die noch flüssige Masse auf den Boden gelangt und stocken kann. Sie können die Pfanne bereits vom Feuer nehmen, wenn noch nicht alles geronnen ist. Dabei vorsichtig weiterrühren. Das Rührei darf auf keinen Fall zu trokken werden. Allerdings sind die Geschmäcker unterschiedlich; manche mögen es fester, andere flüssiger. Außerdem sollen die Rühreiflocken nicht zu groß und nicht zu klein sein. Da müssen Sie ganz Ihrem eigenen Geschmack oder dem Ihrer Gäste folgen.

Beim Rührei gibt es eine Fülle von Variationsmöglichkeiten. Sie können in der Eimasse mitbraten:

Frisch gehackte Kräuter wie Schnittlauch, Petersilie, Sauerampfer, Kerbel, Estragon.

Wenn Sie Zwiebel oder Knoblauch verwenden wollen, dann davon bitte nur einen „Hauch".

Die klassische Kombination ist Ei mit gebratenen Speckwürfeln. Sie können sie erweitern mit Champignonscheibchen.

Bei einem Festtags-Rührei kann man Krabben unterrühren.

Auch ein süßes Rührei sollten Sie ausprobieren. Man rührt in die Eimasse gewaschene Rosinen, und zum Schluß wird die gestockte Masse mit Puderzucker bestäubt.

Man kann Rührei aber auch mit anderen Zutaten kombinieren, die nicht mit eingerührt werden. So zum Beispiel mit frischen Kräutern, mit Sardellenfilets oder mit Scheibchen von gefüllten Oliven oder mit Kapern. Für ein Festessen kann man Rührei auch mit Streifen von geräuchertem Lachs und mit echtem Kaviar garnieren.

Omelett

Für normale Omeletts nimmt man pro Person zwei Eier, die mit Salz, Pfeffer und ein wenig frisch geriebener Muskatnuß mit einer Gabel gut verrührt werden. Gebraten wird mit Butter oder Margarine am besten in einer Teflonpfanne, an der das Omelett nicht hängenbleibt. Bei mittlerer Hitze gibt man die Eimasse in die Pfanne und rührt sie mit dem Pfannenwender ähnlich wie beim Rührei kurz durch. Da die Menge für ein normales Omelett (zwei Eier) relativ gering ist, geht hier alles sehr schnell. Ein Omelett wird nicht länger als eine Minute gebraten. Im Gegensatz zum Rührei wird hier sehr schnell gerührt, so daß die ganze Masse gleichmäßig stockt. Nicht zu lange rühren, damit das Omelett zum Schluß zusammenhängend am Pfannenboden gerinnt. Es macht nichts, wenn es auf der Oberseite noch ein wenig flüssig ist. Falten Sie das Omelett, indem Sie es an zwei gegenüberliegenden Seiten einmal einschlagen, so daß drei Lagen entstehen.

Das Omelett wird mit der glatten Seite nach oben auf einem vorgewärmten Teller serviert. Als Dekoration können Sie alles verwenden, was wir auch beim Rührei genannt haben.

Wenn eine richtige Füllung in das Omelett hinein soll, dann schneiden Sie es oben in der Mitte auf, geben Füllung hinein, schließen es wieder. Den Rest der Füllung können Sie obendrauf tun; das sieht sehr gut aus.

Zum Füllen eignen sich geriebener Emmentaler oder auch gewürfelter Blauschimmelkäse, blanchierter Spinat oder gekochter Spargel. Für süße Omeletts eignen sich vor allem helle

Konfitüren. Dunkle verfärben die Eimasse und machen sie unansehnlich. Wird das Omelett nicht als kleine Zwischenmahlzeit oder zum Frühstück verwendet, sondern als kompletter Mittagsimbiß, dann kann man es natürlich auch mit Hühnerfrikassee oder etwas ähnlichem servieren.

Schaumomelett

Mit einem elektrischen Rührgerät werden zwei ganze Eier sehr schaumig geschlagen, die Gewürze dazugetan und der Eierschaum in die Pfanne gegeben. Bei mittlerer Hitze ohne Rühren stokken lassen. Ohne Rühren dauert das etwas länger. Außerdem ist das Schaumomelett ja viel dicker durch die viele Luft. Die macht es auch lockerer, allerdings auch trockener als das normale Omelett.

Das Schaumomelett wird zum Schluß nur einmal übereinandergeschlagen, da es zum Rollen zu dick ist.

Nach einer anderen Methode wird das Eiklar vom Eidotter getrennt, zu Schnee geschlagen und das Eigelb vorsichtig daruntergezogen. Diese Schaumomeletts sind noch fülliger, und man füllt sie vor allem mit süßen Zutaten, wie Kompott, Marmelade usw.

Pfannkuchen

Pfannkuchen sind eine sehr beliebte kleine, aber doch recht deftige Mahlzeit. Außerdem kann man sie als Einlage für eine Bouillon und noch manches andere verwenden. Pfannkuchen sind wesentlich dicker als Crêpe (das Rezept weiter unten); aber sie lassen sich

Abb. 26: Omelett mit Frikassee.

Abb. 27: Deftiger Pfannkuchen mit Speck.

auch schneller und unkomplizierter backen. Der Teig sollte mindestens eine halbe Stunde vor der Verwendung angerührt werden, damit das Mehl besser quellen kann. Die süßen, salzigen oder pikanten Zutaten werden gleich mitgebacken.

Für etwa acht Pfannkuchen braucht man als Grundrezept:

```
3 Eier
250 ml (¼ l) Milch
200 g Mehl
1 Prise Salz
evtl. 1 bis 2 EL Zucker
```

Die Zutaten werden verrührt. Wer einen lockeren Pfannkuchen haben möchte, kann Eigelb und Eiklar trennen, das Eiklar kurz vor dem Backen zu Schnee schlagen und es vorsichtig unter den Teig heben. Danach möglichst wenig rühren.

Nehmen Sie einen großen Pfannenwender, zerlassen Sie Butter oder Margarine und geben Sie bei mittlerer Hitze den Teig mit einer Schöpfkelle in die Pfanne. Obendrauf kommen die Zutaten.

Für *süße Pfannkuchen* kann man nehmen: Apfelscheiben, Kiwischeiben, Kirschen, Pflaumen, Beerenobst.

Für *deftige Pfannkuchen* eignen sich: Scheiben von geräuchertem, durchwachsenem Speck oder Schinken, Champignon- oder Tomatenscheiben, Kapern usw.

Ist die Unterseite gebräunt und der Pfannkuchen weitgehend fest geworden, so wird er mit dem Pfannenwender vorsichtig gedreht und auch von der anderen Seite braun gebacken. Sollen mehrere Pfannkuchen zugleich serviert

werden, dann kann man sie in einer zugedeckten Schüssel oder Backform warmhalten. Allerdings verlieren sie dadurch ihren knusprigen Rand.

Süße Pfannkuchen kann man mit Schlagsahne und natürlich auch mit einem Schuß Alkohol servieren.

Crêpe

Crêpes sind die elegantere Variante des Pfannkuchens. Sie kommen natürlich aus Frankreich; sie sind aber nicht zuletzt durch verschiedene *Crêperien* inzwischen auch bei uns sehr beliebt. Vielleicht haben Sie schon einmal gesehen, wie die Crêpes dort zubereitet werden. Im Prinzip sind es ja hauchdünne Pfannkuchen, die auf einer heißen Eisenplatte mit einem besonderen Holzschaber hergestellt werden. Es gibt inzwischen auch bei uns elektrische Geräte, die im wesentlichen aus einer leicht gewölbten, teflonbeschichteten heißen Platte bestehen, die man in Crêpeteig taucht, wodurch besonders zarte Crêpes entstehen.

Ehrgeiz und Kunst der Crêpe-Bäcker ist es, möglichst dünne Fladen zu erzielen. Voraussetzung dafür ist ein sehr dünnflüssiger Teig. Wichtig ist auch, daß er möglichst mehrere Stunden ruht, mindestens aber eine Stunde..

Auch wenn Sie kein spezielles Gerät für das Backen haben, brauchen Sie nicht auf Crêpes zu verzichten. Es geht auch in einer Pfanne.

Abb. 28: So sieht es in einer Crêperie aus.

Für etwa 8 Crêpes brauchen Sie:

3 Eier
250 ml (¼ l) Milch oder Sahne
120 g Mehl
1 Prise Salz
evtl. etwas Zucker

Zum Braten so wenig Butter wie möglich verwenden. Eventuell nur mit einem Backpinsel etwas Butter in der Pfanne verteilen.

Die erhitzte Pfanne vom Feuer nehmen, mit einer Hand an die Teigschüssel halten und mit einer Schöpfkelle wenig flüssigen Teig hineingeben. Jetzt die Pfanne sofort so drehen und schwenken, daß sich der Teig gleichmäßig darin verteilt. Dann wieder auf die Kochplatte stellen und von beiden Seiten backen.

Das werden Sie sicher erst einmal üben müssen. Nehmen Sie zu wenig Teig, dann bedeckt er nicht den ganzen Pfannenboden. Nehmen Sie zu viel, dann wird der Crêpe schließlich doch wieder ein dicker Pfannkuchen.

Lassen Sie die Crêpes nicht zu kroß werden, weil sie sich sonst nicht mehr so gut rollen oder falten lassen. Da sie sehr dünn sind, geht die Backerei schnell.

Auch Crêpes bäckt man auf Vorrat. Sie können sie zwischen zwei Tellern im Backofen warmhalten.

Richtige Crêpes werden mit der Füllung nicht gerollt, sondern von vier Seiten wie ein Briefumschlag *gefaltet*. Das Ergebnis sind quadratische Taschen. Man kann Crêpes aber auch zu Spitztüten ähnlich wie ein Eishörnchen formen, oder auch Dreiecke falten, indem man die runden Crêpes zweimal übereinanderlegt.

Da die Crêpes aus der Bratpfanne keinen so großen Durchmesser haben wie die Crêpes, die im Restaurant auf den speziellen großen Stahlplatten gebakken werden, könnten Sie Schwierigkeiten mit dem Falten von Taschen bekommen. Dann rollen Sie sie einfach.

Wenn Sie schon einmal in einer Crêperie gewesen sind, dann werden Sie wissen, daß es tausende von Crêpe-Füllungen gibt. Sie sind süß oder salzig, deftig oder zart — es ist kaum etwas Eßbares vorstellbar, was sich nicht zur Fül-

Abb. 29: Crêpes kann man ganz verschieden falten.

lung eignete. Süße Crêpes kann man beim Servieren auch *flambieren*. Man nimmt dazu Rum, Arrak, Cognac oder andere Alkoholika, die möglichst hochprozentig sein müssen. Bei 52% brennen sie auch im kalten Zustand. Geringer prozentige Alkoholika werden leicht erwärmt, in einem kleinen Pfännchen oder in einer Kelle angezündet und brennend über die Crêpes gegossen.

Crêpe Suzette

Man nimmt normale Crêpes und bereitet eine Füllung aus:

---

2 EL Butter
3 EL Zucker
1 EL Orangenmarmelade
Saft einer Zitrone
Saft einer Orange
Orangenlikör

Butter und Zucker in einer Pfanne schmelzen lassen, Marmelade und Saft dazugeben und alles zusammen aufkochen, bis es dickflüssig wird. Zum Schluß Orangenlikör hinzufügen. Diese Sauce gießt man über die gefalteten Crêpes. Hier gehört das Flambieren gewissermaßen zum Rezept.

Man kann das Rezept aber auch abwandeln und dadurch richtige Füllungen herstellen. In der Pfanne werden dann nicht nur Butter und Zucker geschmolzen, sondern Apfelstücke, Rosinen, blättrig geschnittene Mandeln usw. hinzugegeben.

Als Zutat eignen sich auch verschiedene andere Obstsorten, wie zum Beispiel Bananen, Ananas, Aprikosen, Kirschen.

Abb. 30: Crêpe Suzette.

Zu süßen Crêpes paßt natürlich sehr gut Schlagsahne oder Vanillesauce. Eine besonders verführerische Variante sind *Crêpes mit heißer Schokolade.* Dazu wird Kuvertüre im Wasserbad auf etwa 32° C erwärmt und flüssig über die gefalteten Crêpes gegossen. Sie können dies noch verfeinern durch geröstete Mandelstifte.

Überaus köstlich sind auch *Quarkfüllungen.* Hier eine zur Anregung:

---

250 g Sahnequark
1 EL Zucker
Saft einer Zitrone
1 Eigelb
evtl. vorgequollene Rosinen

Aus diesen Zutaten eine Creme rühren, die fertigen Crêpes damit bestreichen, zusammenfalten und warm servieren. *Hier noch ein Tip*: Wenn Sie die Crêpes mit kalten Füllungen füllen — wie bei der Quarkfüllung —, dann können Sie nach dem Füllen und Einfalten die fertigen Crêpes kurz noch einmal in die warme Pfanne geben. Beim Quark aber darauf achten, daß er nicht zu fest wird.

Champignonfüllung mit Speck

```
200 g durchwachsener Speck
500 g Champignons
1 kleine Zwiebel
250 ml süße Sahne oder Schmant
Petersilie, frischgehackt
Salz und Pfeffer
```

Auch diese Menge reicht für etwa 8 Crêpes.
Gewürfelten Speck, gehackte Zwiebel und kleingeschnittene Champignons anbraten, Sahne dazugeben und etwas einkochen lassen. Zum Schluß kommen Kräuter und Gewürze hinzu.

Hackfleischfüllung
Sie ist besonders beliebt und in vielfältigster Weise abwandelbar. Hier wieder die Zutaten für etwa 8 Füllungen:

```
300 g Hackfleisch
1 EL Butter
1 EL Öl
1 Zwiebel
1 Knoblauchzehe
1 Fenchelknolle
1 kleine Zucchini
70 g Tomatenmark
1/2 TL getrocknetes Oregano
Salz und Pfeffer
```

Hackfleisch anbraten, gewürfeltes Gemüse in derselben Pfanne mitdünsten, Gewürze und Tomatenmark hinzugeben, fertig.
Hier ein paar Anregungen, wie Sie die Hackfleischfüllung abwandeln können. Den Gemüseanteil können Sie ergänzen oder auch ersetzen durch frische Sojasprossen, Möhren, Bambusschößlinge aus der Dose oder auch durch Pilze. Zum Würzen kann man Sojasauce nehmen. Zum Hackfleisch hinzu oder auch ohne Hackfleisch kann man Hühnerfleisch nehmen. Dazu schmecken besonders gut Ananasstücke und als Gewürz Curry und ein wenig Zucker.

Crêpes überbacken
Bei mehreren Personen empfiehlt es sich ohnehin, die Crêpes im Backofen warmzuhalten. Man kann Crêpes aber auch regelrecht überbacken, ähnlich wie zum Beispiel Cannelloni (vgl. dazu *Seite 48*).

Abb. 31: Die Zutaten für eine Hackfleischfüllung.

Wenn Sie Crêpes zu einer absoluten Delikatesse machen wollen, dann können Sie folgendes tun:
Legen Sie in eine feuerfeste, gefettete Form ein Gemüsebett aus blanchiertem Spinat oder Brokkoli oder Pilzen usw. Legen Sie darauf die Crêpes, die zum Beispiel mit Hackfleisch und Tomaten gefüllt sind. Darüber reichlich geriebenen Emmentaler Käse streuen. Alles 10 bis 15 Minuten überbacken.

Crêpes als Suppeneinlage

Ein klassisches Rezept in Österreich und Süddeutschland sind die sogenannten *Flädle*. Das ist nichts anderes als in Streifen geschnittene Pfannkuchen oder Crêpes. Dazu werden die runden Kuchen einfach zusammengerollt und in möglichst dünne Streifen geschnitten. Alles in eine heiße Bouillon geben, etwas kleingehackte Petersilie darüberstreuen und fertig ist eine ausgezeichnete Vorsuppe.

Pochierte Eier

Vielleicht kennen Sie sie unter dem Namen „Verlorene Eier". Man sagt, die raffinierte Küche käme ohne sie nicht aus. Wer den Trick heraus hat, wie man sie zubereitet, ist um eine Eieridee reicher. Früher fand man pochierte Eier auf jeder Speisekarte; heute scheut man wohl die Zubereitung, die aber im Grunde gar nicht schwer ist. Am besten geht es mit Eiern, die nicht älter als eine Woche sind.
Zunächst wird 1 l Salzwasser zum Kochen gebracht, dem man 2 EL Essig hinzufügt. Dann die Kochplatte abstel-

Abb. 32:   Pochierte Eier auf Brokkoli, mit Tomaten garniert. Ein Gericht in den italienischen Landesfarben.

len. Schlagen Sie nun jeweils ein Ei vorsichtig in einer Tasse auf und lassen es aus der Tasse sachte in das kochende Wasser gleiten. Das Eiweiß soll um den Dotter möglichst geschlossen bleiben, was bei ganz frischen Eiern auch kein Problem ist. Außerdem sorgt der Essig zusätzlich dafür, das Eiklar zusammenzuhalten. Geben Sie in den Topf mit 1 l Wasser nicht gleichzeitig mehr als 4 Eier.
Schwimmt das Ei in dem Wasser, dann muß man das auseinanderlaufende Ei-

klar mit einem Löffel immer wieder über das Eigelb ziehen. Bereits nach 4 Minuten kann man das Ei mit der Schaumkelle herausholen und kurz in kaltes Wasser legen. Sollte das Eiklar auseinandergelaufene Stellen haben, dann können Sie sie einfach mit einem Küchenmesser abschneiden.
Anschließend wird das pochierte Ei wieder in warmes Wasser gelegt, damit es sich erwärmt. Das Eigelb soll weich und flüssig geblieben sein, das Eiklar hingegen fest geronnen.

Sie können die pochierten Eier auf einem vorgewärmten Teller anrichten, mit Sauce Hollandaise (vgl. *Seite 115*) übergießen, mit frischen Kräutern garnieren und so als Vorspeise reichen.

Einen sehr schönen Imbiß bekommen Sie, wenn Sie eine Scheibe Toast buttern, mit Schinken belegen und ein pochiertes Ei darauf setzen und alles schließlich mit Käse überbacken.

Die klassische Sauce für pochierte Eier ist eine *Senfsauce*. Sehr gut schmeckt aber auch eine Currysauce oder eine Kräutersauce. Als Beilagen eignen sich Reis, Kartoffeln oder auch Nudeln.

Schließlich kann man pochierte Eier auf einem Gemüsebett anrichten. Gut geeignet sind gedünsteter Blattspinat oder Brokkoli, Porree mit Sahne oder gebratene Champignonscheiben mit Zwiebel und Tomatenwürfeln oder gebratene Zucchini, Auberginenscheiben mit Knoblauch usw.

Sie können diese Gemüse auch in eine feuerfeste Form legen, die pochierten Eier daraufsetzen und alles mit geriebenem Käse überbacken.

Als Einlage kann man pochierte Eier aber auch in Suppen geben. Ein Beispiel dafür haben wir im *Hobbythek-Buch 3* und im *Großen Hobbythek-Buch vom Essen 2* vorgestellt: eine ostpreußische Sauerampfer-Suppe, die aus Kräutern und Sahne besteht. Diese Suppe wird mit einem pochierten Ei in der Mitte angerichtet.

Natürlich kann man für alle diese Gerichte auch ein in der Schale gekochtes weiches Ei verwenden. Man muß es dann vorsichtig schälen, weil es leicht kaputtgeht. Schöner ist es natürlich mit einem echten pochierten Ei.

Hier noch einmal die
Kräutersuppe

1 l Brühe
1 Zwiebel
50 bis 80 g Wildgemüse und Kräuter (Sauerampfer, Brennessel, Kerbel, Löwenzahn, Petersilie, Schnittlauch, 1 Knoblauchzehe usw.)
150 g saure Sahne
1 EL Speisestärke
1 gestrichener TL Zucker
Salz und Pfeffer
1 Eigelb

Bei dem Wildgemüse und den Kräutern können Sie natürlich variieren. Man kann zum Beispiel auch Spinat oder Porree hinzunehmen und noch manches andere.

Brühe aufkochen, gehacktes Wildgemüse und Kräuter sowie die vorher gedünstete Zwiebel dazugeben. Saure Sahne mit dem Schneebesen glattrühren, Speisestärke oder Mondamin mit etwas kaltem Wasser angerührt in die kochende Flüssigkeit geben. Topf vom Feuer nehmen, evtl. mit etwas Butter abschmecken und vielleicht noch einige Kapern hinzufügen.

Zum Schluß muß die Suppe legiert werden. Dazu wird das rohe Eigelb unter kräftigem Rühren mit dem Schneebesen in die nicht mehr kochende Suppe gerührt. Legieren ist eine Form des Andickens, bei dem das Ei nicht gerinnt. Es dickt aber nicht nur an, sondern es verfeinert den Geschmack der Suppe wesentlich.

Da unser Gericht für etwa 4 Personen reicht, brauchen Sie nun 4 pochierte Eier. Legen Sie sie in dieselbe Schüssel

oder Terrine, in die auch die heiße Suppe kommt. Die Eier erwärmen sich dann.

Eierblumen
Dieses poetische Wort stammt von den Chinesen. Sie verwenden Eierblumen für viele Suppen aus klarer Brühe, von der Bouillon bis zur Frühlingssuppe mit Fleisch und Gemüsestückchen. Gewissermaßen Pflichtbestandteil sind sie in der scharf-sauren Hühnersuppe, die wir im *Hobbythek-Buch 8* und im *Großen Hobbythek-Buch vom Essen 2* vorgestellt haben.

Und so werden Eierblumen gemacht: Man verschlägt 1 bis 2 Eier mit der Gabel, fügt Salz, Pfeffer und frische Muskatnuß hinzu. Durch einen Schaumlöffel läßt man die Eimasse langsam in die sprudelnd kochende fertige Suppe tropfen. Durch die Löcher des Schaumlöffels muß das flüssige Ei fadenförmig heraustropfen. Es gerinnt in der Suppe sofort.

Eierstich
Der Eierstich ist ein wenig aus der Mode gekommen. In der Küche unserer Großmütter spielte er vor allem als Einlage für Suppen eine große Rolle. Eierstich schmeckt aber nicht nur in der Suppe, sondern in Scheiben geschnitten auch als Brotbelag oder gewürfelt als Ergänzung zu vielen Salaten.

Und dies sind die Zutaten:

2 Eier
4 EL Milch
Salz
Muskatnuß
frische Petersilie

Eierstich wird im Wasserbad zubereitet. Sie brauchen dafür einen Topf, in dem Wasser kocht und ein zweites Gefäß, das in den Topf hineinpaßt. Wenn er zwei Griffe hat, rutscht er nicht in das Wasserbad, und er läßt sich auch leicht wieder herausheben. Damit der fertige Eierstich sich leicht aus der Form lösen läßt, sollte dieses Gefäß möglichst flach sein. Man kann es fetten oder mit Alufolie auskleiden.

Die Zutaten werden mit einer Gabel leicht verrührt, aber nicht schaumig geschlagen, dann in das Gefäß gegeben und im Wasserbad zum Stocken gebracht. Das dauert beim Eierstich 20 bis 30 Minuten. Dann können Sie ihn aus dem Gefäß herausnehmen, ihn in Würfel schneiden oder mit kleinen Formen ausstechen, die Sie vielleicht irgendwo noch bekommen. Das sind dann winzige Herzchen, Sterne usw.

Die gehackte Petersilie setzt sich leider immer an der Oberfläche des Eierstichs ab. Viele verzichten deshalb darauf. Da Petersilie aber den Geschmack doch sehr verbessert, müssen Sie sehen, wie Sie für sich entschciden wollen.

Das Ei als Treibmittel

Von der Kuchenbäckerei — auf die wir gleich noch kommen werden — weiß man, daß Eier ein sehr gutes Treibmittel sind, das einen Teig, eine Creme und vieles andere locker machen kann.

Am sichtbarsten entwickelt das Ei diese Eigenschaft beim *Soufflé*. Das französische Wort „souffler" heißt soviel wie aufblasen. Und um ein Aufblasen geht es hier im wörtlichen Sinne.

Abb. 33: Eierstich.

Das Soufflé

Wichtiger Bestandteil eines jeden Soufflés ist Eischnee. Er wird mit den verschiedenen Zutaten vorsichtig vermischt und das Ganze dann überbakken. In der Hitze gehen die Bläschen auf, so daß das Soufflé sein Volumen erheblich vergrößert und — wenn man nicht aufpaßt — sogar über den Rand der Form hinaussteigen kann. Ein Soufflé ist eine besonders edle Variante des Auflaufs.

Viele denken bei einem Soufflé vielleicht automatisch an etwas Süßes. Es gibt aber auch ganz herrliche Gerichte auf der Basis von Gemüsen und Fleischsorten. Hier zunächst das

Soufflé-Grundrezept
Man nimmt:

40 g Butter
40 g Mehl
230 ml Milch
200 g Gemüse (evtl. mit Speck)

Abb. 34: Ein luftiges Soufflé.

---

100 g Emmentaler
4 Eigelb
4 Eiklar
Salz und Pfeffer
weitere Gewürze nach Belieben

Zuerst wird das Gemüse gar gekocht. Wenn Sie Speck oder Schinken dazunehmen wollen, diesen sehr kleinschneiden.

Der Boden einer Backform wird gefettet und mit Mehl bestäubt.

Und nun beginnt die eigentliche Soufflé-Zubereitung mit einer Mehlschwitze. Die Butter wird in einem Kochtopf geschmolzen, das Mehl dazugegeben und mit einem Schneebesen glattgerührt. Unter weiterem Rühren die Milch hinzufügen und kurz aufkochen lassen. Mit Salz würzen. Kommt Schinken hinzu, dann weniger Salz verwenden.

Nun den Topf von der Kochplatte ziehen, gewürfeltes Gemüse, ggf. Schinken und Kräuter unterrühren, und wenn alles nicht mehr ganz heiß ist, auch die Eigelbe in die Masse rühren. Sie dürfen nicht gerinnen.

Anschließend das Eiklar zu Schnee schlagen. Und jetzt kommt die hohe Kunst der Soufflé-Zubereitung. Zunächst wird nur ein Drittel des Eischnees gut unter die vorbereitete Masse gerührt. Dadurch wird sie leichter und sie setzt sich unten nicht ab, wenn man die restlichen zwei Drittel des Eischnees nun ganz vorsichtig darunterhebt. Jetzt auf keinen Fall zuviel rühren, weil sonst der Eischnee einen Teil seines Volumens verlieren würde. Die lockere Masse sofort in eine Souffléform füllen. Bitte aber ein Viertel der Höhe als Rand stehenlassen, weil ein Soufflé mächtig aufgeht. Nun alles in den auf 180° C vorgeheizten Backofen schieben und darin 40 bis 50 Minuten backen. Die Backofentür zwischendurch nicht öffnen, weil sonst das gerade aufgegangene Soufflé wieder in sich zusammenfällt! Bei Backöfen mit Glasfenster und Beleuchtung ist das ja auch nicht nötig.

Im Grunde ist jede feuerfeste Form geeignet. Richtig typisch sieht ein Soufflé aber erst in der speziellen runden Form wie in Abbildung 34 aus.

Das fertige Soufflé kommt aus dem Backofen direkt auf den Tisch. Es muß sofort gegessen werden; denn einem Gemüsesoufflé geht relativ schnell die Luft aus und es sackt in sich zusammen.

Die Zubereitung klingt hier vielleicht komplizierter, als sie tatsächlich ist. Probieren Sie einfach einmal dieses herrliche Gericht aus.

Soufflé mit Brokkoli und Schinken
Eine sehr wohlschmeckende Variante des Grundrezeptes ist dieses Soufflé:

```
40 g Butter
40 g Mehl
230 ml Milch
1 gestrichener TL gekörnte Brühe
100 g Brokkoli
100 g Schinken oder Speck
100 g Emmentaler Käse
4 Eigelb
4 Eiklar
Salz und Pfeffer
Muskatnuß, gerieben
1 Knoblauchzehe, gepreßt
frische Petersilie, gehackt
```

Vom Brokkoli die Stiele abschneiden und schälen. Dann das Gemüse etwa 15 Minuten lang kochen. Danach alles kleinschneiden. Schinken und durchwachsenen Speck ebenfalls zerkleinern, den Käse reiben.

Und nun geht alles weiter wie beim Grundrezept beschrieben.

Auch bei diesem Soufflé sind eine Unzahl von Abwandlungen denkbar. So lassen sich zum Beispiel als Gemüse auch verschiedene Wildgemüsesorten wie junge Brennesseln, frischer Sauerampfer usw. verwenden. Sehr gut schmecken auch feingehackte frische Pilze. Schließlich kann man blanchierten Spargel nehmen, der möglichst kleingeschnitten wird. Statt der Milch kann man dann zur Hälfte Spargelkochwasser und zur Hälfte Sahne verwenden.

Ein besonders delikates Soufflé erhalten Sie mit feingehackter Hähnchenleber, die man inzwischen häufig auf Märkten bekommt.

Für ein *Käse-Soufflé* nimmt man 200 g Emmentaler Käse, Kräuter wie zum Beispiel Schnittlauch.

Mandarinen-Soufflé

Besonders beliebt sind *süße Soufflés*. Hier eins als Beispiel:

```
40 g Butter
40 g Mehl
230 ml Milch
3 EL Orangenlikör
175 g Mandarinen aus der Dose
4 Eigelb
4 Eiklar
50 g Zucker
```

Die Dosenfrüchte gut abtropfen lassen und kleinschneiden. Das Eiklar mit dem Zucker zu Schnee schlagen. Zubereitung wie beim Grundrezept.

Andere Früchte wie zum Beispiel Kiwi, Kirschen, Himbeeren sind sehr gut geeignete Varianten.

Abb. 35: Mandarinen-Soufflé.

Die Eierbäckerei

Es gibt zwar Kuchen, in denen Eier gar nicht vorkommen — beim leichten Hefeteig zum Beispiel —, aber Eier und Kuchen sind doch eine ganz klassische Kombination. Wir wollen uns hier auf ein paar Beispiele beschränken, bei denen die Eier unverzichtbar sind. Dazu gehört der *Biskuit*, bei dem die Eier als Treibmittel wirken. Ähnlich ist es beim sogenannten *Brandteig*.

Der Biskuit

Da das Ei hier als Treibmittel wirkt, kommt es besonders darauf an, nur frische Eier zu verwenden. Sonst besteht die Gefahr, daß der Teig nach dem Backen einfällt.

Nehmen Sie für einen Biskuitteig eine nicht zu große Springform. 24 cm Durchmesser genügen; dann wird der Teig schön hoch.

Für einen Biskuit-Tortenboden brauchen Sie:

5 Eigelb
5 Eiklar
130 g Zucker
200 g Mehl
1 Prise Salz

Während Sie den Backofen auf 200° C vorheizen, verrühren Sie die Eigelbe mit einem EL Zucker und etwas Salz. Das Eiklar wird zu Schnee geschlagen. Wenn der Schnee noch nicht ganz fest ist, wird der restliche Zucker hinzugefügt und weitergeschlagen. Rühren Sie dann ein Drittel des Eischnees unter die Eigelbmasse. Dann diese Mischung auf den restlichen Eischnee in die Schüssel gießen. 200 g Mehl darübersieben und alles mit einem Rührlöffel vorsichtig miteinander vermischen. Nicht mehr rühren als unbedingt nötig, damit der Eischnee möglichst wenig Luft verliert. Den fertigen Teig sofort in die gefettete Form füllen und bei 200° C 40 bis 45 Minuten backen.

Nehmen Sie den Biskuitteig erst aus der Form, wenn er völlig abgekühlt ist. Für eine Torte können Sie den Biskuit zweimal aufschneiden, so daß Sie drei runde Platten erhalten. Füllen können Sie die Torte nun mit allem Möglichen: mit Früchten, Sahne, Marmeladen, Creme usw. Oben drauf kommt noch eine Dekoration aus Früchten oder zum Beispiel aus Baisertupfen.

Sehr verbreitet ist heute eine Füllung mit Sahne, weil sie leichter ist als eine Buttercreme-Füllung, die früher der Standard war. Sie müssen es von Ihrer „Linie" abhängig machen, wofür Sie sich entscheiden. Die Sahnefüllung müssen wir hier wohl nicht ausführlich beschreiben. Wer sie steifer machen will, nimmt Gelatine dazu.

Abb. 36: Ohne Eier gäbe es die meisten solcher Köstlichkeiten nicht.

Abb. 37:   Eine Sahnetorte aus Biskuitteig.

Buttercreme

```
½ l Milch
1 Päckchen Puddingpulver
50—100 g Zucker
1 Eigelb
250 g Butter
1 Prise Salz
```

Milch aufkochen, angerührtes Puddingpulver unter Rühren mit dem Schneebesen hineingeben und anschließend den Zucker dazutun. Topf von der Platte ziehen und das Eigelb schnell unterrühren, damit es nicht gerinnt. Pudding unter Rühren abkühlen lassen, damit sich obendrauf keine Haut bildet. Unterdessen die Butter mit einem elektrischen Handrührer schaumig rühren und den kalten Pudding eßlöffelweise dazugeben.

Der Brandteig

Auch bei diesem Teig ist das Ei das einzige Lockerungs- und Treibmittel. Die Zutaten:

```
250 ml (¼ l) Wasser
100 g Butter
180 g Mehl
4 Eier
1 Prise Salz
```

In einem kleinen Kochtopf werden Wasser, Butter und Salz aufgekocht. Topf vom Feuer nehmen und das Mehl hineinschütten und mit einem Holzlöffel kräftig verrühren. Topf wieder auf das Feuer stellen und weiterrühren, bis sich ein großer Mehlkloß gebildet hat. Nun den Topf wieder vom Feuer nehmen und 5 Minuten abkühlen lassen.

Nun kommen die Eier darunter; und zwar schön der Reihe nach. Also ein Ei aufschlagen und mit dem Mehlkloß verrühren, dann das nächste Ei verrühren usw.

Man kann diesen Teig im Ofen backen. aber auch in heißem Fett fritieren. Seine bekannteste Verwendung findet er aber beim

Windbeutel

Hierfür wird der fertige Brandteig auf einem gefetteten oder mit Backpapier ausgelegten Backblech mit zwei Löffeln portionsweise verteilt. Lassen Sie aber genügend Zwischenraum zwischen den Teilen, damit die Windbeutel Platz zum Aufgehen haben. Die Brandteighäufchen auch möglichst nicht glattstreichen, damit die typische, etwas zerzaust wirkende Windbeutelform entsteht.

Im vorgeheizten Backofen bei 220° C etwa 30 Minuten backen. Ofentür während der ersten 15 Minuten nicht öffnen!

Lassen Sie die Windbeutel nun abkühlen. Erst dann aufschneiden und sie mit steifgeschlagener Sahne füllen. Wenn Sie mögen, können Sie die Sahne mit Früchten wie zum Beispiel frischen Erdbeeren, Himbeeren, Kiwischeiben mischen. Es geht aber auch mit eingemachtem Obst. Man kann in die Sahne

Abb. 38: Windbeutel lassen sich nicht nur mit Sahne füllen *(links),* sondern auch pikant.

beim Schlagen auch ein TL Kakaopulver oder geriebene Haselnüsse geben. Weniger bekannt sind Windbeutel mit einer *pikanten* Füllung. Sehr gut schmeckt zum Beispiel eine Käsecreme aus Frischkäse mit Quark, den man mit Knoblauch, Kapern, frischen Kräutern oder mit kleingeschnittenen Avocados, frischen Tomaten und Gurkenscheiben mischen kann.

Probieren sollten Sie auch einmal eine Füllung aus *Heringsalat* oder *Eiersalat.* Zu der schier endlosen Liste von möglichen Füllungen gehört auch eine, die uns besonders gut geschmeckt hat. Mischen Sie selbstgemachte Remoulade (vgl. *Seite 115*) mit grünem Salat und

Krabben und füllen Sie beides zwischen die beiden Windbeutelhälften.

Fettgebackenes aus Brandteig

Man kann Brandteig auch in Form von Spritzkuchen in schwimmendem Fett backen. Dazu wird der Teig in eine Spritztüte getan, mit der man auf ein gut gefettetes Backpapier kleine Kreise spritzt. Man läßt diese Kringel direkt vom Papier in das heiße Fritierfett gleiten.

Nehmen Sie fürs Fritieren unbedingt frisches Fett oder Öl. Ab *Seite 153* dieses Buches können Sie nachlesen, wie wichtig es ist, kein verbrauchtes oder überhitztes Fett zu nehmen, wie man es

leider oft in Imbißbuden oder auf Jahrmärkten vorfindet. Es ist schlichtweg gesundheitsschädlich.

Noch ein Wort zur Verarbeitung von Brandteig in Spritztüten. Zum Spritzen muß der Teig recht flüssig sein. Das ist er in der Regel, wenn er sofort nach der Zubereitung verarbeitet wird, also noch warm ist. Sollte er zu fest sein, können Sie noch ein weiteres Ei unter den Teig rühren.

Wenn Ihnen das mit dem Spritzen zu kompliziert ist, können Sie den Teig auch ähnlich wie bei der Windbeutel-Zubereitung mit zwei Löffeln ins heiße Fett gleiten lassen. Die Brandteigstükke müssen zwar schön braun, aber sie dürfen nicht zu trocken werden. Was entsteht, ist ein Gebäck ähnlich wie Krapfen. Man kann es mit Zuckerguß überziehen oder mit Puderzucker überpudern; man kann es aber auch aufschneiden und mit Kompott füllen.

Weiß und luftig: Baiser

Es gibt eine Menge Rezepte, bei denen nur das Eigelb gebraucht wird. Sei es zum Legieren von Suppen und Saucen oder zum Emulgieren bei der Mayonnaiseherstellung usw. Da fragt man sich oft: wohin mit dem Eiklar? Diese Frage müssen sich schon unsere Urahnen gestellt haben; denn es gibt seit Generationen eine besonders wohlschmeckende Verwendung: das Baiser.

Baiser ist ein französisches Wort und heißt nichts anderes als Kuß. Ob das nun ein glücklich gewähltes Wort ist oder nicht, möchten wir Ihrer Beurteilung überlassen. Denn ein Baiser ist zwar eine recht süße Angelegenheit, allerdings auch eine harte. Aber wir wollen uns hier nicht in Spitzfindigkeiten verlieren; sicher ist auf jeden Fall, daß das Wort Kuß etwas Angenehmes verheißt. Und etwas Angenehmes ist ein Baiser auf jeden Fall.

Die Zutaten für diese Köstlichkeit sind denkbar einfach:

4 Eiklar
1 EL Zitronensaft
200 bis 250 g Zucker

Das ist weiß Gott nicht viel, und die Zubereitung ist eigentlich auch nicht besonders langwierig. Trotzdem müssen wir einige Worte darüber verlieren.

Das Eiklar wird zunächst zusammen mit dem Zitronensaft geschlagen. Bevor es steif wird, läßt man langsam den Zucker einrieseln und schlägt solange weiter, bis der Zucker nicht mehr knirscht. Ein Zeichen dafür, daß er sich aufgelöst hat. Wenn der Eischnee so steif geworden ist, daß er sich nicht mehr bewegt, wenn man die Schüssel auf den Kopf stellt, dann ist er fertig.

Mit einer Spritztülle spritzen Sie nun möglichst flache Formen auf ein mit Backpapier belegtes Blech. Die Formen sollten nicht zu dick und groß sein, denn Baisers werden mehr getrocknet als gebacken. Dazu reichen 90 bis 100° C aus. Normalerweise sollen die Baisers schön weiß bleiben. Eine ganz zarte Verfärbung ins bräunliche beeinträchtigt allerdings den Geschmack gar nicht; immerhin ist es aber ein Zeichen dafür, daß die Backofentemperatur ein wenig zu hoch war.

Damit die Feuchtigkeit aus den Baisers entweichen kann, läßt man am besten während des Trockenvorgangs die

Abb. 39: Luftige Baisers.

Backofentür einen Spalt weit offen. Das geht ganz einfach, indem man den Stiel eines Holzlöffels in die Tür klemmt. Dieser Trockenvorgang dauert mindestens 3 Stunden. Da das aber der Backofen ganz für sich allein zustande bringt, belastet es Sie nicht.

Sind die Baisers völlig trocken, holt man sie aus dem Backofen, läßt sie auskühlen und bewahrt sie so trocken wie möglich auf, sofern Sie sie nicht gleich verwenden. Bei hoher Luftfeuchtigkeit, die in einer Küche ganz normal ist, können die Baisers nämlich schon nach wenigen Stunden Feuchtigkeit annehmen und zäh und klebrig werden.

Nun kann man in den Standard-Baiser natürlich noch eine Menge Abwechslung bringen. Zum Beispiel mit kleingehackten kandierten Früchten oder mit blättrig geschnittenen Mandeln, mit denen man die gespritzten Baiserformen dekoriert. In den Eischnee hineinmischen dürfen Sie die Mandeln freilich nicht, weil sich der Schnee sonst wegen des Ölgehalts der Mandeln sofort zu zersetzen beginnt. Man kann Baisers aber auch füllen, indem man zwei von ihnen jeweils mit der Bodenseite gegeneinander setzt, die Füllung in der Mitte.

Oder überziehen Sie doch Baisers einmal mit flüssig gemachter Kuvertüre. Kuvertüre ist eine Schokolade, die besonders viel Kakaobutter enthält und deshalb beim Schmelzen sehr glatt und flüssig wird, während aus einfacher Schokolade eher ein zäher Brei entsteht. Das Schmelzen müssen Sie vorsichtig in einem Wasserbad vornehmen; die Schokolade darf nämlich nicht heißer als 32° C werden. Sonst wird der Überzug nach dem Erkalten streifig und

unansehnlich (mehr darüber erfahren Sie in unserem Kapitel über das Selbermachen von Konfekt im *Hobbythek-Buch 3* und im *Großen Hobbythek-Buch vom Essen 2*). Einfacher geht es natürlich mit Kokusfettglasur, die auch Kuchenglasur genannt wird. Allerdings schmeckt sie nicht so gut wie richtige Kuvertüre.

Kleine Baisers eignen sich hervorragend zum *Dekorieren* von Torten. Die klassische Kombination besteht aus Baiser und Stachelbeeren. Bei der nächsten Stachelbeertorte können Sie rund auf den Tortenrand kleine Baiserhütchen setzen.

Schließlich kann man aus Baisermasse komplette *Tortenböden* spritzen. Nehmen Sie dazu möglichst eine glatte Lochtülle ohne Rillen. Beim Spritzen

können Sie eine Springform zur Hilfe nehmen, bei der Sie in der Mitte beginnen und spiralig so an den Außenrand gehen, daß eine in sich geschlossene Fläche entsteht.

Quiche Lorraine

Die Quiche Lorraine ist inzwischen eine überaus beliebte „Kuchenart" geworden. Natürlich spielen auch hier Eier als Bindemittel eine wichtige Rolle.

Für die Quiche Lorraine brauchen Sie als Boden einen Mürbeteig; übrigens auch ein Teig, bei dem das Ei das einzige Lockerungsmittel bildet. Obendrauf kommt dann eine Eier-Sahne-Mischung.

Abb. 40: Versuchen Sie einmal eine Torte mit einem Boden aus Baiser.

Hier zunächst die Zutaten für den Mürbeteig:

250 g Mehl
150 g Magarine
1 Ei
Salz

Und für die Eier-Sahne-Mischung:

5 Eier
500 ml (¹/₂ l) süße Sahne
150 g Emmentaler Käse
250 g durchwachsener Speck
geriebene Muskatnuß
Salz und Pfeffer

Auch dies ist wieder nur ein Grundrezept; es stammt übrigens aus Lothringen, der Heimat der Quiche Lorraine. Sie können es mit verschiedenen Gemüsesorten variieren.

Zunächst bereiten Sie den *Mürbeteig*. Geben Sie Mehl in eine Schüssel, vermischen Sie es mit dem Salz und bilden Sie in der Mitte eine Kuhle, in die das Ei geschlagen wird. Auf den Rand verteilen Sie in Flöckchen die möglichst kühle Margarine. Halten Sie nun mit einer Hand die Schüssel fest und kneten Sie mit der anderen den Teig. Sollte er dabei zu weich und klebrig werden, dann stellen Sie ihn ruhig eine halbe Stunde zugedeckt in den Kühlschrank. Normalerweise kann man aber den Teig sofort mit etwas Mehl ausrollen.

Für die Quiche brauchen Sie einen dünnen Boden. Den entsprechend ausgerollten Teig in eine gefettete Springform legen und so hineindrücken, daß sowohl der Boden wie auch der Rand ausgekleidet sind.

Abb. 41: Die berühmte Quiche Lorraine.

Jetzt können Sie den Ofen schon einmal auf 200° C vorheizen. Währenddessen bereiten Sie die Füllung zu. Dazu werden in eine Schüssel die Eier geschlagen, die Sahne, Gewürze hinzugegeben und alles mit einem elektrischen Handrührgerät gründlich durchgerührt. Zum Schluß den geräucherten durchwachsenen Bauchspeck in schmale Streifen oder Würfel schneiden und zusammen mit dem geriebenen Emmentaler Käse in die Füllung mischen. Dann sofort alles auf den Teigboden gießen.

Die Quiche wird bei 200° C etwa 40 Minuten lang im Ofen gebacken.

Auch hier wieder gibt es unendlich viele Variationsmöglichkeiten. Sie können in die Grundfüllung noch hineingeben: Porree, Spinat, Pilze, Rosenkohl. Diese Gemüse werden blanchiert und kleingeschnitten, auf den Teigboden geschichtet und mit der Käse- und Eier-Sahne-Mischung übergossen.

Saucen, die es ohne Eier nicht gäbe

In den Saucen spielen im wesentlichen die Eidotter eine Rolle. Sie machen dort nicht nur den Gehalt aus und bestimmen den Geschmack, sondern sie dienen auch zum *Legieren* und als *Emulgator*.

Daß das Eigelb eine Sauce oder auch eine Suppe sämiger machen, im Geschmack intensivieren und auch in der Farbe verbessern kann, haben wir bei den Suppen schon gesagt. Legieren bedeutet, daß man rohes Eigelb in die noch heiße, aber nicht mehr kochende Flüssigkeit einrührt. Danach darf man das Gericht nicht mehr aufkochen, weil sonst das Eigelb gerinnen würde.

Bouillons, aber vor allem auch Gemüsecreme-Suppen werden dadurch sämiger, ja sie schmecken dann eigentlich erst. Das gleiche gilt aber auch für Saucen wie die *Bechamel-Sauce*.

Ein wahres Zauberding wird das Ei aber erst dort, wo es als Emulgator wirkt. Wasser und Fett so miteinander zu mischen, daß sie sich unter normalen Bedingungen nicht mehr trennen, ist nur mit Hilfe eines Emulgators möglich. Das klassische Beispiel für eine solche Mischung ist die Mayonnaise, die selbstgerührt schon in der Grundversion um Klassen besser schmeckt als eine gekaufte.

Mayonnaise

Sie besteht zwar nicht einfach aus Wasser und Fett, immerhin aber aus wäßrigen und eindeutig fettigen Bestandteilen. Es gehören zu unserem Rezept:

Abb. 42: Gutes Rühren ist die halbe Mayonnaise.

---

2 Eigelb
2 TL Essig oder Zitronensaft
200 ml Öl
Salz und Pfeffer

Dies sind nur die Grundbestandteile, denn man kann eine Mayonnaise noch mit vielen Zutaten würzen, wie wir noch gleich sehen werden.
Hier aber zunächst die Herstellung der Grundsubstanz.

Die schwierigste Phase bei der Mayonnaise-Herstellung ist der Anfang, bei dem sich die Emulsion erst noch bilden muß. Das Eigelb muß sozusagen das Öl in sich aufnehmen. Dabei spielt es eine Rolle, ob Sie die Mayonnaise mit einem Schneebesen mit der Hand rühren oder mit einem elektrischen Rührgerät. Je schneller Sie nämlich rühren, um so dicker wird die Mayonnaise. Am Anfang können Sie aber ruhig mit der Hand oder mit einem Mixer mit kleiner Geschwindigkeit beginnen.

Zunächst werden Eigelb und Essig bzw. Zitronensaft verrührt und dann unter ständigem Weiterrühren die ersten Öltropfen langsam hinzugefügt. Wenn sie völlig verrührt sind, läßt man weiteres Öl in einem möglichst dünnen Faden in diese Mischung einlaufen. Wird die Eigelbmasse während des Rührens milchig, dann müßte es eigentlich mit der Mayonnaise gelingen. Trotzdem kann es passieren, daß sich das Eigelb mit dem Öl nicht vermischt. Das kann zum Beispiel an einer zu hohen Zimmertemperatur liegen. Vielleicht haben auch die verschiedenen Zutaten ungleiche Temperaturen. In der Regel ist es aber kein Problem, daß sich eine stabile Emulsion bildet.

Wenn die Ölmenge fast völlig eingelaufen ist, kann es noch einmal kritisch werden. Wenn jetzt nämlich zuviel Öl dazukommt, kann die ganze schöne Emulsion plötzlich wieder auseinanderfallen. Sehen Sie also, daß trotz eifrigen Rührens auf der Oberfläche Öl stehenbleibt, dann ist es allerhöchste Zeit aufzuhören.

Zum Schluß kommen Salz und Pfeffer und möglicherweise weitere Gewürze hinzu.

Eine selbstgemachte Mayonnaise ist in der Regel kompakter als eine gekaufte, in der oft eine ganze Menge verlängernde Zutaten stecken. Selbst vor Mehl wird bei billigen Mayonnaisen nicht zurückgeschreckt. Kompakter heißt natürlich auch, daß unsere selbstgemachte Mayonnaise gehaltvoller ist. Da sie aber wesentlich besser und intensiver schmeckt, sollte man eher etwas weniger davon essen, als eine gestreckte Mayonnaise zu nehmen. Da Mayonnaise ja nicht in riesigen Mengen

verzehrt wird, sollte man auch nur edle Zutaten nehmen. Beim Öl müssen Sie im Hinblick auf den Eigengeschmack allerdings vorsichtig sein. Nehmen Sie zum Beispiel das sehr gute Olivenöl aus erster Pressung, dann hat die Mayonnaise einen starken Eigengeschmack nach Oliven. Das paßt nur zu bestimmten Gerichten. Neutraler ist da das relativ teure Avocadoöl, aber auch das sehr gute Distelöl, Weizenkeimöl usw. Suchen Sie sich entsprechend Ihrem persönlichen Geschmack und dem Verwendungszweck das passende Öl aus. Natürlich ist auch einfaches Sonnenblumenöl geeignet.

Wir sagten am Anfang schon, daß dies eigentlich nur ein *Grundrezept* für eine Mayonnaise ist. Am einfachsten und auch besonders angenehm schmeckend läßt sich eine Mayonnaise durch den Zusatz von *Senf* beeinflussen. Wer unser Senfkapitel im *Hobbythek-Buch 7* oder im *Großen Hobbythek-Buch vom Essen/1* kennt, wird möglicherweise über selbstgemachte Senfsorten verfügen. Dieser Senf gehört dann zu den wäßrigen Bestandteilen der Mayonnaise. Das Einrühren zum Schluß bereitet deshalb keine besonderen Schwierigkeiten. Beginnen Sie aber in kleinen Mengen und schmecken Sie zwischendurch immer wieder einmal ab.

Aber man kann Mayonnaise noch mit anderen Zutaten würzen:
Versuchen Sie es einmal mit abgeriebener Zitronen- oder Orangenschale (von ungespritzten Früchten), mit Orangensaft, einem Schuß Cognac oder Wein, kleingehackten Kapern, Tomatenmark, frischen Kräutern, gepreßter Zwiebel oder Knoblauch. Vor allem

Knoblauch paßt ganz hervorragend zu Mayonnaise — sofern man nicht ein Gegner dieser Knollen ist.

In Italien nennt man die Knoblauch-Mayonnaise *Aioli* (das ist der Name von Knoblauch). Man ist dort mit dem Knoblauch nicht zimperlich und nimmt auf unser Rezept ohne weiteres 4 bis 5 zerdrückte Zehen. Dieses Aioli gehört auch zur französischen Fischsuppe *Bouillabaisse* und zu vielen anderen Fisch-, Fleisch- und Gemüsegerichten. Man kann sie aber auch pur zu knusprigem Baguette-Brot nehmen. Und schließlich gehört sie unbedingt zum Fondue.

Avocado-Mayonnaise

Avocado-Mayonnaise möchten wir Ihnen besonders empfehlen. Und so wird sie gemacht:
1 weiche Avocadofrucht wird halbiert, mit einem Löffel ausgehöhlt, das Fleisch mit einer Gabel fein zerdrückt oder püriert und mit Mayonnaise vermischt. Je nach Mischungsverhältnis bekommt diese Sauce eine mehr oder weniger feste Konsistenz. Man kann sie mit einer Spritztülle zum Garnieren von kaltem Braten oder Gemüse, von hartgekochten Eiern, Krabben usw. verwenden. Wenn es Ihrem Geschmack entspricht, können Sie diese Mischung mit Zitronensaft ein wenig säuerlicher machen.

Wenn Sie Mayonnaise als *Salatsauce* verwenden wollen, sollte sie leichter und flüssiger gemacht werden. Mischen Sie sie zur Hälfte mit Joghurt oder saurer Sahne. Beides läßt sich ohne Schwierigkeiten mit Mayonnaise verrühren, weil Joghurt und Sahne ja Milchprodukte, das heißt ebenfalls Emulsionen aus Fett und Wasser sind.

Abb. 43: Avocado-Mayonnaise bringt Abwechslung in das Mayonnaisen-Allerlei.

Die *Remoulade* ist nichts anderes als eine Mayonnaise, die säuerlich abgeschmeckt und mit gehackten Kräutern wie Estragon, Petersilie, Kerbel usw. verrührt ist.

Sauce Hollandaise

Die Sauce Hollandaise ist gewissermaßen die vornehmere Verwandte der Mayonnaise. Ob sie wirklich aus Holland kommt, kann heute niemand mehr genau sagen. Unbestritten ist sie aber die berühmteste Butter-Eigelb-Sauce.

Böswillige Leute wollen sie zwar mit der einfachen Mehlschwitze in Verbindung bringen; diese Meinung kann aber nur aus schlechten Restaurants kommen, wo man oft eine Mehlschwitze mit einem Eigelb aufzumöbeln versucht. Eine wirkliche holländische Sauce ist das natürlich nicht. Die richtige Sauce Hollandaise wird im warmen Wasserbad geschlagen und sie darf auch nur wenige Minuten warmgehalten werden. Deshalb wird sie auch erst kurz vor dem Servieren zubereitet, und sie ist dann

auch nur lauwarm. Würde man sie richtig heiß machen, dann würde das Eigelb sofort gerinnen.

Auch hier beginnen wir wieder mit dem einfachen Grundrezept, das viele Variationsmöglichkeiten zuläßt:

250 g Butter
4 Eigelb
2 EL Zitronensaft
2 EL Wasser
Salz und Pfeffer

Für das Wasserbad brauchen Sie wieder zwei Töpfe, die so ineinanderpassen, daß der kleinere Topf keinen Bodenkontakt zum größeren Topf hat. Das Wasser im großen Topf darf höchstens 60° C warm werden.

Schmelzen Sie die Butter in einer Pfanne. Währenddessen geben Sie in den Topf im Wasserbad die Eigelbe, eine Prise Salz, das Wasser und den Zitronensaft. Statt Wasser und Zitronensaft können Sie auch Weißwein nehmen. Alles wird mit dem Schneebesen verrührt und 1 EL von der geschmolzenen Butter dazugetan. Weiterrühren und die

gesamte Butter eßlöffelweise hinzutun. Wenn die Sauce dickflüssiger werden soll, kann man sie mit einem elektrischen Handrührer aufschlagen. Mit Pfeffer abschmecken. Das wäre es dann auch schon.

Die Sauce Hollandaise paßt ausgesprochen gut zu *Spargel*. Im Gegensatz zur flüssigen Butter, die man auch gern bei Spargel verwendet, bleibt sie an den einzelnen Stangen tatsächlich hängen. Weitere Gerichte, zu denen die Sauce gut paßt: Champignons, Blumenkohl, feine Erbsen. Aber auch gedünsteter Fisch, helles Fleisch von Kalb und Huhn

gewinnen sehr durch diese Sauce. Zum Fisch kann man zusätzlich in Butter gebratene Kapern reichen.

Da die Sauce Hollandaise derart vornehm ist, haben die Variationen auch gleich noch eigene, nicht weniger vornehme Namen. Hier die wichtigsten:

Sauce Mousseline: Hierbei werden 100 ml geschlagene süße Sahne unter die Hollandaise gerührt.

Sauce Bearnaise: Hier kommen sehr feingehackte frische Kräuter, Kapern und saure Gürkchen dazu.

Sauce Choron: Eine Mischung aus Sauce Hollandaise mit Tomatenmark.

Abb. 44: Die klassische Kombination: Spargel mit Sauce Hollandaise.

Die Königin unter den Nachspeisen: die Zabaione

Das ist eine italienische Erfindung und ein Gedicht aus Eigelb und Marsala. In guten italienischen Restaurants läßt es sich der Koch nicht nehmen, seinen Gästen zum Schluß eine Zabaione am Tisch zu rühren. Das macht er dann nicht mit einem profanen elektrischen Quirl, sondern mit einem gewaltigen, handbetriebenen Schneebesen. Dazu gehört ein Rechaud, auf dem die kupferne halbkugelige Rührschüssel steht.

Die Kunst der Zubereitung besteht darin, daß die kräftig gerührte Zabaione nicht heißer als 60° C wird, weil sonst das Eigelb gerinnen würde.
Lassen Sie uns hier auch wieder mit der Standardzubereitung beginnen. Die Zutaten sind schnell aufgezählt:

3 Eigelb
50 g Zucker
50 g Marsala

Eine Zabaione muß sofort gegessen werden, weil sie eine recht luftige An-

gelegenheit ist, die auch schnell wieder in sich zusammenfällt. Und da wir nicht Koch in einem teuren italienischen Restaurant sind, können wir es uns ruhig leisten, mit einem elektrischen Handrührgerät auf Stufe 2 zu arbeiten. Auch hier wieder wird übrigens in einem Wasserbad gerührt, bei dem ähnliches gilt wie bei der Sauce Hollandaise.
Eigelb und Zucker werden mit dem Handrührgerät im Wasserbad gemischt. Während sich dieses Wasserbad auf kleiner Flamme langsam erhitzt, gibt man nach und nach und unter emsigem Rühren den Marsalawein hinzu

Abb. 45: Bei der Zabaione kommt es auf das Rühren besonders an. Maurizio Menna vom Restaurant Roma in Wiehl im Bergischen Land ist ein Spezialist für Zabaione. Er fügt dem Grundrezept noch ein wenig Weißwein und einen Spritzer Zitronensaft hinzu.

und rührt solange weiter, bis eine sehr cremige Masse entstanden ist. Das ist nach etwa 5 Minuten der Fall.

Statt Marsala kann man auch Portwein, Sherry, Madeira, Malaga oder auch einen nicht zu herben Weißwein verwenden. Da müssen Sie einfach selbst einmal ausprobieren, was Ihnen am besten schmeckt.

Sollte sich übrigens bei der Zabaione unten Flüssigkeit abgesetzt haben, dann hat sie in der Regel zu lange gestanden. Also nicht vergessen: Diese Nachspeise erst rühren, wenn sie gleich serviert werden kann.

Cremespeisen, die den Namen noch verdienen

Die vielen Instant-Cremes, die man heute in Tüten zu kaufen bekommt, haben sicher ihren Sinn, wenn es einmal ganz schnell gehen muß. Aber finden Sie nicht auch, daß sie eigentlich alle sehr ähnlich und irgendwie doch künstlich schmecken? Dabei kann man mit relativ wenigen Zutaten herrliche Fruchtcremes zaubern, die von Kindern und Erwachsenen gleichermaßen gern gegessen werden. Eier machen es möglich, daß da nicht ein kompakter Pudding entsteht, sondern luftig-leichte Schaumgebilde, bei denen sich im Gegensatz zum Pudding keinerlei Haut bildet. Es gibt ja Leute, die den normalen Pudding nur deshalb verabscheuen, weil sie die Haut darauf nicht mögen.

Für das folgende Rezept können Sie die verschiedensten Fruchtzutaten verwenden.

Cremespeisen mit Früchten

1 Päckchen Gelatine
5 Eigelb
5 Eiklar
100 g Zucker
Saft von 1 bis 2 Zitronen
450 g Früchte und Saft

Verwenden können Sie die verschiedensten Früchte, wenn sie einen genügend intensiven Eigengeschmack haben. Wir nennen nur Erdbeeren, Johannisbeeren, Kirschen, Kiwis, Mandarinen, Orangen, Ananas, Zitronen.

Am besten schmecken natürlich immer *frische* Früchte. Man kann aber auch tiefgekühlte verwenden; Erdbeeren, Johannisbeeren oder auch Himbeeren eignen sich da sehr gut. Oder es geht auch nur mit Saft. Der muß dann allerdings besonders intensiv im Geschmack sein, was bei Dosen-Ananas der Fall ist, bei Kirsch- oder bei Johannisbeersaft. Wenn Sie einen Sirup verwenden, dann sollten Sie weniger Zucker nehmen.

Frische Früchte müssen sehr kleingeschnitten werden. Das gilt vor allem für Ananas. Schneiden Sie die Ananasstücke unbedingt quer zur Faser, weil sie sonst beim Essen stören.

Orangen- oder Zitronensaft pressen Sie am besten frisch aus. Für Zitronencreme braucht man nur 5 bis 6 Zitronen. Nehmen Sie mehr Früchte, dann wird die Creme zu sauer. Bei Orangen und Mandarinen können Sie zusätzlich zum Saft auch noch Fruchtfleisch nehmen. Während Sie sich mit den Früchten beschäftigen, können Sie in einem Topf mit wenig Wasser schon einmal die Gelatine quellen lassen.

Von den Eiern das Eiweiß trennen. Mit den Eigelben verrühren Sie die Früchte, den Saft und den Zucker. Dann die Gelatine auf kleiner Flamme vollständig auflösen; sie darf auf keinen Fall kochen. Sie soll auch nicht heißer als 60° C sein, weil sie sonst das Eigelb zum Gerinnen bringt.

Die flüssige Gelatine wird unter ständigem Rühren mit dem Schneebesen in das Frucht-Eigelb-Gemisch eingerührt. Anschließend die Schüssel zugedeckt in den Kühlschrank stellen. Und nun müssen Sie hin und wieder einmal nachschauen, ob sich die Creme schon verfestigt hat. Richtig steif werden darf sie nicht, sondern nur etwas dicklich. Man muß nämlich noch das zu festem Schnee geschlagene Eiklar unterrühren können. Dazu wird die Frucht-Eigelb-Masse noch einmal etwas aufgeschlagen, ein Drittel des Eischnees dazugerührt, und erst danach die restlichen zwei Drittel untergezogen. Jetzt die Schüssel wieder zugedeckt in den Kühlschrank stellen, damit sich die Creme richtig verfestigen kann. Wir hoffen, daß Sie nicht schon beim Zubereiten allzu viel gekostet haben. Sonst vergrößern Sie die Mengen einfach. Da die Creme keine Sahne enthält wie viele andere Desserts, schmeckt sie nicht nur herrlich, sondern ist auch besonders leicht.

Die Creme bitte kühl servieren.

Abb. 46:   Für Fruchtcrèmes eignen sich die verschiedensten Früchte, wenn sie nur einen intensiven Eigengeschmack haben.

Gewürzeier

6 Eier
400 ml Wasser
200 ml Essig
2 TL Salz
Peperonischoten
(frisch oder getrocknet)
1 Zwiebel
1 Knoblauchzehe
2 Lorbeerblätter
1 Nelke
2 TL Senfkörner
1 TL Thymian
1 TL Oregano

Wasser, Essig, Salz und Gewürze zum Kochen bringen und die rohen Eier hineingeben. 10 Minuten kochen lassen. Dann die Schale mit einem Löffel an mehreren Stellen zum Brechen bringen, damit der Gewürzsud besser einziehen kann.

Die Eier in ein Gefäß tun, das bei kochender Flüssigkeit nicht springt, und den Sud noch kochend in das Gefäß gießen. Dadurch werden Bakterien, die sich eventuell in dem Gefäß noch befinden, abgetötet.

Diese Gewürzeier können bereits nach zwei Tagen gegessen werden. Sie halten aber auch ohne weiteres 10 Tage. Allerdings sollten Sie einzelne Eier nur mit einem ganz sauberen Löffel herausholen, damit die restlichen Eier haltbar bleiben.

Wenn Sie die Eier schon nach drei bis vier Tagen verbraucht haben, dann können Sie denselben Gewürzsud mit frischen Eiern noch einmal aufkochen.

Diese Eier bringen eine Abwechslung in das Frühstückseinerlei; sie schmekken aber auch sehr gut als kleiner Imbiß zwischendurch. Aufgeschnitten können Sie mit ihnen aber auch kalte Vorspeisen dekorieren, Salate ergänzen, saure Häppchen für das kalte Buffet zubereiten und noch vieles andere mehr.

Abb. 47:
Für unangemeldete Gäste sollten Sie immer einen kleinen Vorrat an Gewürzeiern haben.

Fünf-Gewürze-Eier

Dies ist ein chinesisches Rezept, bei dem die Eier ähnlich behandelt werden, wie bei dem oben beschriebenen Rezept. Allerdings müssen diese Fünf-Gewürze-Eier innerhalb einer Woche verbraucht werden.

Hier die Zutaten:

6 Eier
600 ml Wasser
2 TL Salz
2 gehäufte TL 5-Gewürze-Pulver

Das Fünf-Gewürze-Pulver gibt es in allen Geschäften, die chinesische Gewürze und andere Waren führen. Wenn Sie es nicht bekommen, können Sie es sich auch selber mischen; und zwar aus: Sternanis oder Anis, Fenchel, Zimt, Ingwer und Pfeffer.

Ostereier färben

Färben mit Naturfarben

Ein Eierkapitel ohne Ostereier, das wäre wie Weihnachten ohne Weihnachtsbaum. Ostereier färben und verzieren ist an sich ein ganzes Buch wert. Aber es geht uns in der *Hobbythek* ja oft auch darum, Anregungen zu geben und die Phantasie in Gang zu setzen. Und mehr wollen wir hier auch nicht tun.

Anregen wollen wir Sie hier vor allem auch, nicht nur die Farben zu verwenden, die man in jeder Drogerie kaufen kann, sondern es einmal mit Naturfarben zu versuchen. Diese Farben sind zwar nicht so knallig wie die Industriefarben; aber gerade diese sanftere, pastelligere Tönung paßt sehr gut zu Eiern. Mit Naturfarben gefärbte Eier sehen bunt zusammengemischt besonders schön aus.

Wir nennen Ihnen hier eine Auswahl von Naturfärbemitteln, für die Sie die Zutaten in Apotheken, Gewürzläden, Bioläden usw. sicher bekommen können.

Abb. 48: Ostereier, nach uralten Techniken verziert.

Für 1 Liter Wasser brauchen Sie:

25 bis 40 g *Blauholz*. Die Eier werden hellviolett bis aubergine.

30 bis 50 g *Rotholz*. Es ergibt eine rosarote bis braunrote Färbung.

50 bis 60 g *Krappwurzel*. Die Färbung ist ziegelrot bis braunrot.

30 bis 50 g *Sandelholz*. Die Eier werden gelb bis orangebraun.

30 bis 50 g *Gelbholz*. Das ergibt ein intensives Zitronengelb.

3 EL ungerösteter *Matetee*. Im heißen Färbebad werden die Eier gelb; im kalten Färbebad maigrün.

2 EL *Schwarzer Tee*. Das ergibt eine intensive Braunfärbung.

2 bis 3 Handvoll *Zwiebelschalen*. Das gibt ein sehr schönes dunkles Gelb.

Diese Naturstoffe ergeben nicht nur besonders harmonische Farben; sie sind auch als Färbemittel völlig ungiftig.

Gefärbt wird in einem Kochtopf, der sich gut wieder reinigen läßt, wie zum Beispiel Edelstahltöpfe. Zum Wenden der Eier und zum Herausnehmen sollten Sie lieber einen alten Holzlöffel verwenden, weil Metalllöffel an den gefärbten Eiern leicht Schrammen verursachen können. Für das Trocknen der gefärbten Eier sollten Sie sich Eierkartons aus Pappe aufheben.

Die genannten Färbemittel werden in einem Liter kaltem Wasser aufgesetzt und etwa 30 Minuten lang gekocht. Wer möchte, kann in den letzten 8 bis 10 Minuten die Eier gleich mitkochen. Dann aber die Eier am stumpfen Pol anstechen, damit sie nicht platzen. Natürlich kann man auch bereits hartgekochte Eier nur kurz im heißen Farbbad ziehenlassen. Dann wird die Färbung heller.

Eier ausblasen

Wer Eier zum Beispiel an einem Osterstrauß aufhängen möchte, braucht dazu *ausgeblasene* Eier. Sie sind zum einen leichter und zum anderen haben sie Löcher, an denen man einen Zwirnsfaden fürs Aufhängen befestigen kann.

Das Ausblasen ist recht einfach, wenn man an beiden Spitzen der Eier ein kleines Loch macht. Bohren Sie mit einer spitzen Nadel vor. Mit einer Stricknadel oder einem Draht kann das Loch vorsichtig erweitert werden, bis es 2 bis 3 Millimeter Durchmesser hat. Wer handwerklich ein wenig geschickt ist, kann auch mit einer 2 bis 3 mm starken Bohrspindel durch vorsichtiges Drehen exakt kreisrunde Löcher in das Ei bohren. Das aber bitte nicht mit der Maschine, sondern nur mit der Hand machen.

Mit einer Stricknadel wird nun durch das Ei hindurchgestochen, damit die Haut des Eidotters mit zerstört wird. Erst dann läßt es sich ziemlich leicht ausblasen. Mit dem Mund wird nun kräftig von einer Seite Luft in das Ei gedrückt, damit auf der unteren Seite das flüssige Ei herausläuft. Das können Sie in einer Schüssel auffangen und später ein Rührei daraus zubereiten.

Blauholz   **Gelbholz**   **Rotholz**

Abb. 49: Schon diese kleine Auswahl zeigt, wie herrlich mit Naturfarbe gefärbte Eier aussehen.

Wer auf der Lunge etwas schwach ist, kann die Blaserei auch mit einer alten Impfspritze vornehmen. Sie sollte 20 ccm groß sein; man bekommt sie auch in der Apotheke. Mit dieser Spritze wird in das obere Loch Luft in das Ei gedrückt, Eiweiß und Eigelb laufen heraus.

Wer in die Eier nur *ein* Loch bohren möchte, ist auf die Hilfe einer solchen Spritze mit Nadel angewiesen. Halten Sie das Ei mit dem Loch schräg nach unten über eine Schüssel. Drücken Sie mit der Spritze Luft durch das Loch in das Ei. Da die Nadel nicht die ganze Öffnung füllt, läuft das flüssige Ei durch dieselbe Öffnung heraus, durch die Sie die Luft hineindrücken. Eine kleine Pappscheibe auf der Spritze verhindert, daß das Ei Ihnen über die Finger fließt. Anschließend gibt man mit der Spritze mehrmals warmes Wasser in das Ei und spült es gründlich durch; denn Eireste dürfen in der Schale nicht bleiben, weil sie später faulen. Das gilt natürlich auch für die Eier mit zwei Lö-chern, bei denen das Ausspülen wesentlich einfacher ist.

Wenn Sie die Eier aufhängen möchten, dann machen Sie sich aus Zwirn eine Schlinge, an der Sie wie auf *Abbildung 51* gezeigt etwa das Drittel eines Streichholzes befestigen. Dieses Streichholz stecken Sie mit einem Stück des daran befestigten Zwirnfadens in eine Öffnung des Eies. Wenn Sie den Faden vorsichtig strammziehen, stellt sich das Hölzchen im Inneren des Eies quer und verhindert so, daß der Faden wieder herausgeht.

Zum Schluß wollen wir Ihnen noch ein paar besonders schöne und auf sehr alte Tradition zurückgehende Methoden verraten, mit denen Sie Ihre Eier verzieren können.

Abb. 50: Fürs Eierausblasen braucht man gute Lungen.

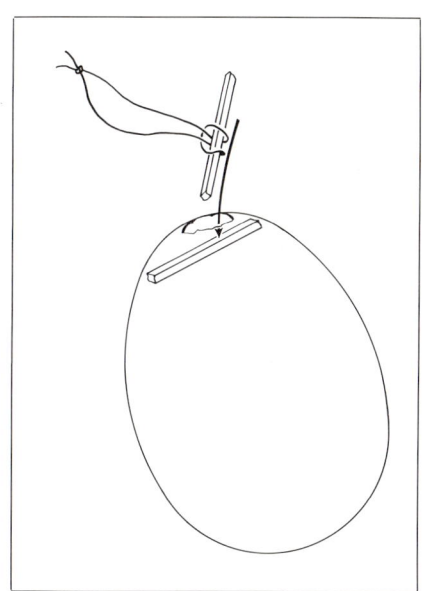

Abb. 51: So wird eine Fadenschlinge am ausgeblasenen Ei befestigt.

Eierverzierungen aus Wachs

Bei dieser Methode, die ein wenig an Batik erinnert, werden auf das ungefärbte ausgeblasene oder hartgekochte Ei Wachsornamente aufgebracht. Anschließend werden die Eier in kühler Farbe gefärbt. An den Stellen, die mit Wachs bedeckt sind, färbt sich die Schale nicht. Auch auf dem Wachs selbst bleibt keine Farbe haften. Der übrige Teil der Eierschale bekommt Farbe, und es entsteht dadurch ein sehr hübsches Muster.

Für die Wachsmuster kann man weißes Wachs, aber auch gefärbtes verwenden. Man bekommt Wachs in allen Farben inzwischen in jedem Bastelgeschäft oder man verwendet Kerzenreste.
Sie brauchen außerdem folgende Geräte, die Sie sich selber herstellen können:
Federn mit möglichst kräftigen Kiel (Hühnerfedern vom Flügel oder ähnliches; bekommt man in Bastelgeschäften)
Stecknadeln mit Glasknopf und ein Stück Holz als Stiel für die Stecknadel. Das Wachs müssen Sie in einem Blechnäpfchen (Dosendeckel oder ähnliches) schmelzen. Das geht auf einem Stövchen oder einer Wärmeplatte.

Während das Wachs schmilzt, können Sie sich aus den Federn schon kleine Dreiecke und Vierecke schneiden, wie wir es Ihnen auf *Abbildung 52* zeigen. Die Nadeln werden in ein Stück Holz gesteckt, damit man sie bequem wie einen Federhalter mit der Hand führen kann.

Abb. 52: Wir schneiden uns aus Hühnerfedern Werkzeuge zum Verzieren von Ostereiern mit Wachs.

Nehmen Sie in Ihre Schreibhand zunächst den Griffel mit der Nadel. Tauchen Sie die Glaskuppe in das dünnflüssige Wachs und tupfen Sie dann möglichst schnell einen Wachstupfer auf die Eierschale. Sollte das Wachs auf der Schale nicht haften bleiben, dann ist es noch nicht warm genug. Der Weg zwischen dem Näpfchen mit heißem Wachs und der Eierschale sollte möglichst kurz sein, damit das Wachs nicht an der Nadel erstarrt.

Mit dem kleinen Federdreieck oder -viereck wird genauso vorgegangen. Tunken Sie es in das Wachs und tupfen Sie es dann auf das Ei, das dort in Dreiecken oder Vierecken haften bleibt. Natürlich muß man sich vorher ein Muster überlegen. Am einfachsten ist es, wenn man sich die Oberfläche des Eies in ein paar *Segmente* zerlegt. Also zunächst um den „Äquator" einen Ring aus Punkten oder Vierecken legen und dann zum Beispiel zwei „Längengrade"

Abb. 53: Nach ein paar Vorübungen und mit einer einigermaßen ruhigen Hand lassen sich sehr phantasievolle Wachsmuster auftragen.

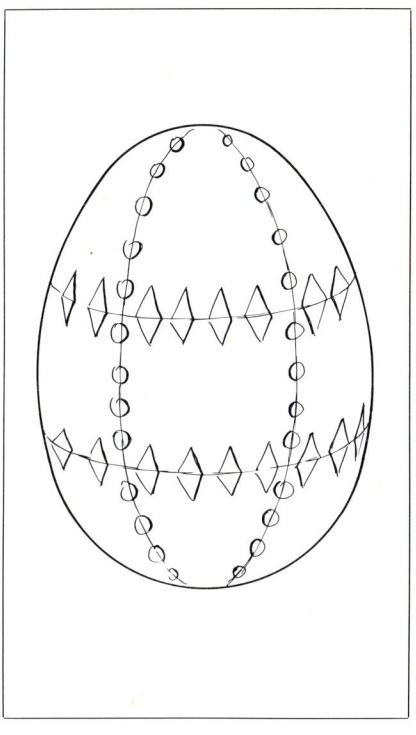

Abb. 54: Es hilft Ihnen beim Verzieren des Eies, wenn Sie die Oberfläche zunächst in ein paar Segmente zerlegen.

über die beiden Pole des Eies. Die dadurch entstehenden Segmente lassen sich leichter bewältigen und mit weiteren Ornamenten füllen.

Bei dieser Arbeit müssen Sie aufpassen, daß die Stellen der Eierschale, die nicht mit Wachsornamenten bedeckt sind, wachs- und fettfrei bleiben. Denn überall, wo die Schale fettig wird, nimmt sie später keine Farbe auf. Wischen Sie also zwischendurch immer einmal Ihre Finger ab, mit denen Sie das Ei halten. Sind alle Wachsornamente aufge-

bracht, dann färben Sie das Ei in einer Farbe, die sich kalt verwenden läßt. Wenn Sie weißes Wachs genommen haben, paßt jede Farbe dazu. Bei farbigen Wachssorten müssen Sie sich eine Grundfarbe hinzuwählen, die zur Wachsfarbe paßt. Am schönsten sehen diese Eier aus, wenn sie anschließend möglichst intensiv gefärbt werden. Dann kommen die Wachsornamente als helle kleine Flächen besonders gut zur Geltung.

Filigrane Eierverzierungen mit Hilfe von Säure

Vorausschicken müssen wir bei dieser Art der Verzierung, daß man hier sehr vorsichtig zu Werke gehen muß. Das ist auch eine Methode, die für Kinder absolut ungeeignet ist, weil hier nämlich mit Säure gearbeitet wird. Mit dieser Säure kann man sich nicht nur die Haut verätzen; die Dämpfe dürfen auch nicht eingeatmet werden. Wenden Sie diese im übrigen sehr reizvolle Methode also nur in Räumen an, die gut zu lüften sind und benutzen Sie eine Tischplatte aus Kunststoff (Resopal usw.), die widerstandsfähig gegen Säure ist.

Sie brauchen:
Eine sehr kleine Menge *Salzsäure* (gibt es in der Apotheke);
einen *Federhalter mit Stahlfeder* (Zeichenfeder oder ähnliches).
Bei dieser Methode wird auf gefärbte Eier mit Hilfe der Zeichenfeder eine Zeichnung aufgebracht. Man taucht dazu die Feder vorsichtig in die Säure und zeichnet auf die Eierschale. Der Kalk der Schale reagiert sofort mit der Säure und braust im wörtlichen Sinne auf. Wischen Sie mit einem alten Leinenlappen, den Sie hinterher wegschmeißen müssen, über die Zeichnung, dann bleibt sie weiß in der sonst buntgefärbten Eierschale stehen.
Jetzt noch einmal die Prozedur im einzelnen:
Füllen Sie eine ganz kleine Menge Säure in einen Eierbecher. Nehmen Sie das gefärbte Ei in die eine Hand und zeichnen Sie mit der säurebefeuchteten Feder ein Ornament auf das Ei. Sie können die Säure mit der Eierschale ruhig eine Weile reagieren lassen, bevor Sie die Schicht fortwischen. Das Muster können Sie schon vorher erkennen, weil die Säure die Eierfarbe verändert. Bei Violett entsteht zum Beispiel ein Orange, bei Blau ein Gelb, bei Rot ein Grün. Haben Sie weiße Eier verwendet, dann sind dies nach dem Abwischen weiße Linien.
Beim Zeichnen müssen Sie sehr sorgfältig vorgehen. Auf keinen Fall darf auch nur ein winziges Tröpfchen der Säure auf Ihre Haut kommen, weil sich

Abb. 55: Gefärbte Eier erhalten mit Hilfe von Säure eine filigrane Zeichnung.

dann sofort eine Verätzung ergibt. Zur Sicherheit können Sie Küchenhandschuhe verwenden, die Ihre Hände schützen.
Eier, die mit dieser Methode verziert worden sind, kann man hinterher nicht mehr essen. Aber diese Eier sind durch ihre zarte Zeichnung ohnehin so kostbar geworden, daß man sie aufheben möchte und deshalb ausgeblasene Eierschalen nimmt. Hartgekochte Eier würden verderben und zum nächsten Osterfest nicht wieder verwendbar sein.

Man kann Eier aber auch noch anders verzieren

Wem die Methode mit der Säure zu gefährlich ist, der kann gefärbte Eier auch anders mit einer sehr zarten Zeichnung versehen. Auch bei dieser Methode geht es darum, die Farbe in feinen Linien wieder wegzunehmen. Das gelingt durch Kratzen. Besonders geeignet dafür sind feine Schaber aus einem speziellen Hartmetall, die normalerwei-

Abb. 56:   Mit diesen Eiern können Sie einen Osterstrauß jedes Jahr neu verzieren.

se zum Gravieren von Glas im Hobbyhandel angeboten werden. Sie sehen aus wie ein Bleistift, der vorne eine Metallspitze mit einer winzigen Kugel oder einen Kopf in Form eines winzigen Schleifsteins tragen.

Allerdings muß man bei dieser Methode ein wenig aufdrücken, damit die Farbe auch wirklich bis auf die weiße Kalkschale abgeschabt wird. Bei hartgekochten Eiern ist das gar kein Problem; bei ausgeblasenen Eiern muß man jedoch sehr vorsichtig zu Werke gehen.

Wie Sie auf *Abbildung 57* sehen, ist der Strich hier noch zarter als bei einer Zeichnung mit Säure.

Mit Farbe bemalte Eier

Eine dritte, sehr effektvolle und völlig ungefährliche Methode ist das Bemalen von Eiern mit Farbe. Nehmen Sie dazu möglichst wasserfeste Farbe, wie zum Beispiel Plakafarbe. Wenn Sie sehr sorgfältig vorgehen, können Sie

auch Wasserfarben nehmen. Allerdings laufen sie leicht aus.

Bemalen kann man Eier entweder auf ihrer „nackten" Schale oder auch Eier, die man vorher in einem einheitlichen Ton grundiert hat. Eine Grundierung mit Plakafarbe hat den Vorteil, daß sich darauf sehr gut mit anderen Farben malen läßt. Man kann auch mit einer Zeichenfeder feine Ornamente darauf anbringen.

Beim Grundieren der Eier hat man das Problem, daß man sie nirgendwo anfassen kann. Bewährt hat sich hier bei ausgeblasenen Eiern, ein Schaschlikstäbchen hindurchzustecken und sie dann mit dem Pinsel rundherum bunt zu malen. Nach dem Trocknen kann man sie dann zwischen zwei Finger nehmen und mit weiteren Verzierungen versehen.

Vor allem für diese Methode eignen sich die wesentlich größeren Eier von Enten oder gar Gänsen. Man bekommt sie nicht überall. Wir haben aber die Erfahrung gemacht, daß man zum Beispiel in Spezialgeschäften für Wild und Geflügel vor der Osterzeit solche Eier vorbestellen kann.

Portrait-Eier

Zum Schluß noch ein Gag, mit dem Sie viel Freude, zumindest aber Verblüffung hervorrufen können. Wie wäre es mit einem Eierkopf im wörtlichen Sinne, wie Sie ihn auf *Abbildung 58* sehen? Solche Eierköpfe werden nicht erzeugt, indem man ein Foto darauf klebt. Das würde bei der Wölbung der Eier häßlich aussehen. Was wir gemacht haben, ist dies:

Abb. 57: Gefärbte Eier kann man auch mit einem Glas-Gravierstift ritzen.

Abb. 58: Wie wäre es mit einem „Eierkopf"?

Es gibt im Fotofachhandel lichtempfindliche Substanzen, mit denen man das Ei bestreichen kann. Anschließend wird es wie normales Fotopapier belichtet und entwickelt. Voraussetzung dafür ist freilich, daß man einen Vergrößerungsapparat und eine Dunkelkammer hat. Natürlich braucht man auch noch einen Negativfilm des Portraitierten.

Da das Ei gewölbt ist, kommt es beim Belichten zu gewissen Verzerrungen. Die Nase wird etwas knolliger, Stirn-

und Kinnpartie werden etwas kleiner. Aber das macht das Ei eigentlich nur noch lustiger.

Wir haben versucht, uns vorzustellen, was eigentlich ein derart präpariertes Frühstücksei psychologisch bedeutet. Schlägt man da seiner Liebsten, seinem Liebsten oder sich selbst den Schädel ein? Aber zum Aufessen sind diese Eier ja viel zu schade.

Übrigens: Mit der lichtempfindlichen Schicht kann man nicht nur Eier bestrei-

chen, sondern auch Teller und andere Gegenstände, sie dann belichten und entwickeln. Waschfest sind diese Schichten allerdings nicht. Und ganz billig ist die lichtempfindliche Schicht auch nicht. Aber für den kleinen Eierspaß brauchen Sie ja auch keine riesigen Mengen . . .

Für bemalte oder sonstwie verzierte Eier gilt generell:

Wenn Sie Eier mit Naturfarben, mit chemischen Farben, mit Wachsornamen-

ten oder mit Säurezeichnungen versehen haben, dann können Sie sie hinterher mit Speckschwarte einfetten. Dadurch werden die Farben intensiver und
die Eier glänzen.

Hätten Sie gedacht, daß das Thema
Eier derart unerschöpflich ist? Dabei
haben wir längst noch nicht alles gesagt, was sich im Hinblick auf Eier sagen ließe ...

Abb. 59: Solche kunstvollen Eier gelingen
einem nicht im Handumdrehen. Fangen Sie
also ruhig im Winter schon an mit dem Verzieren.

Umwelt — einmal nachgemessen

„Iß und stirb"
„Regen, sauer wie Essig"
„Nitrat — Gefahr aus dem Brunnen"

Die Liste solcher Schlagzeilen ließe sich endlos fortsetzen. Vielleicht geht es Ihnen wie uns: Allmählich weiß man nicht mehr, was man eigentlich noch essen und trinken kann, ohne seine Gesundheit zu ruinieren. Ist das alles nur ein Ergebnis von Panikmache?
Ohne Frage ist unsere Umwelt heute trotz vieler Maßnahmen keineswegs weniger belastet als früher. Im Gegenteil: viele gesundheitsgefährdende Stoffe sind Jahr für Jahr hinzugekommen, über die erst durch Pressemeldungen, Beinahe-Katastrophen oder durch Unglücksfälle in der Öffentlichkeit etwas bekannt geworden ist. Es müssen ja nicht gleich so spektakuläre Unfälle sein wie der in Seveso, bei dem eine breitere Öffentlichkeit zum ersten Mal etwas von dem überaus starken Gift *Dioxin* gehört hat. Auch Katastrophen wie die in der indischen Stadt Bophal, bei der Hunderttausende Schäden erlitten haben und Tausende gestorben

Abb. 1: In unserem Studio war die Umwelt noch in Ordnung. Das Angebot an Utensilien zum Testen ist groß.

sind, sind Ausnahmen. Aber sie zeigen das Ausmaß der Bedrohung. Mit solchen Katastrophen wollen wir uns hier jedoch nicht auseinandersetzen; wohl aber mit den täglichen kleinen Vergiftungsmöglichkeiten, denen wir alle ausgesetzt sind. Gegen sie kann man sich *in gewissen Grenzen* schützen. Schützen dadurch, indem man nachmißt, was eigentlich im Trinkwasser, im Gemüse und in manchen anderen eßbaren Dingen enthalten ist.

Natürlich wollen und können wir Sie nicht zum Lebensmittel-Chemiker und Umwelt-Fachmann ausbilden. Wir haben uns aber vom Professor der Chemie, Günther Vollmar und von der Lebensmittelchemikerin, Hiltrud Trottenberg, beraten lassen und mit ihrer Hilfe ein paar Untersuchungsmethoden zusammengetragen, die auch vom Laien ausgeführt werden können. Wir möchten es auch nicht so weit treiben, daß Sie in jedem Restaurant Prüfstreifen aus der Tasche ziehen und erst einmal nachmessen, was in dem Menü eigentlich alles enthalten ist. Es kommt uns vor allem darauf an, Sie ein bißchen informierter zu machen.

Das Verwirrende für den Laien ist ja, daß sowohl die Warner vor der gesundheitsschädlichen Wirkung von Umweltgiften wie die Beruhiger viele wissenschaftliche Gutachten zitieren können, die ihre jeweiligen Ansichten stützen. Als Nichtfachmann muß man sich dann ernstlich fragen, wem man eigentlich glauben soll. Oft hat man den Eindruck, bei Umweltdiskussionen gehe es ausschließlich um Glaubenssachen oder es werde nach Gefühlen geurteilt. Je nach Veranlagung hysterisch oder resignierend. Wir wollen Sie also zum ei-

nen überhaupt etwas informierter machen und zum anderen Ihnen ein paar Tips geben, wie Sie mit einfachen Mitteln ein paar Tests durchführen können. Haben Sie nämlich zum Beispiel einen hohen Nitratgehalt im Wasser festgestellt — was auch einem Nichtchemiker durchaus möglich ist —, dann verfügen Sie bei Ihrem Gang zum Wasserwerk schon einmal über eine wesentlich bessere Position. Würden Sie denen nämlich nur sagen, ich glaube, bei meinem Wasser ist irgend etwas nicht in Ordnung, dann wird man Sie mit ziemlicher Sicherheit abzuwimmeln versuchen.

Aus Ihnen einen informierten Bürger und eine informierte Bürgerin zu machen — das ist also das Hauptziel dieses Kapitels. Und wenn Sie hinterher wissen, daß der Nitratgehalt von roten Beeten und Kopfsalat auf jeden Fall höher ist als der von Tomaten, dann haben wir Ihnen schon ein Stück Harmlosigkeit genommen. Oder wenn Ihnen klar ist, was der ph-Wert im Regenwasser bedeutet und daß der innerhalb eines Tages ganz erheblich schwanken kann, dann glauben Sie nicht jeder Meldung darüber, ob der Regen nun sauer war oder nicht. Und wenn Sie schließlich noch wissen, daß altes Bratfett gesundheitsschädlich sein kann, dann lassen Sie sich nicht an jeder Frittenbude mit schlechter Ware abspeisen.

Daß dieses Thema durchaus auch etwas für Kinder ist, beweist nicht zuletzt die Tatsache, daß es im Spielwarenhandel schon sehr gute Experimentierkästen zum Thema Umwelt und Ökologie gibt. Wir meinen nicht, daß hier nur eine Mode ausgenutzt wird, um ein Geschäft zu machen.

Was ist das eigentlich: saurer Regen?

Was mit „Saurer Regen" gemeint ist, glaubt heute jeder zu wissen. Zumindest fällt jedem beim sauren Regen auch das andere Stichwort ein: „Waldsterben". Dabei gab es den sauren Regen, der auf Luftverschmutzung durch den Menschen zurückgeht, bereits früher. Schon kurz nach der Industrialisierung im vorigen Jahrhundert bemerkte man, daß in unmittelbarer Nähe von Fabriken Bäume eingingen. Man nannte das damals „Rauchschäden". Daß mit unserer Luft und als Folge davon mit unserem Regen etwas nicht in Ordnung ist, konnte man schon erkennen, bevor die Bäume in unseren Wäldern massenhaft eingingen. Die Säure im Regen schädigt nämlich schon seit vielen Jahrzehnten die alten Kirchen, Denkmäler und andere Kunstwerke aus Stein. Vielleicht hat das viel zu lange nur die kunstbeflissenen Mitbürger interessiert. Erst als es dann dem Wald an den Kragen ging, waren plötzlich alle wachgeworden. Hoffen wir, daß es nun nicht schon zu spät ist. Verfolgt man den Eiertanz der Politiker, wenn es um Gegenmaßnahmen geht, kann man allerdings nur Angst kriegen.

Wir wollen hier nicht im einzelnen darauf eingehen, welche Rolle die „Sauerkeit" des Regens bei der Tragödie spielt, die in unseren Wäldern abläuft. Stören Sie sich nicht an dem Wort „Sauerkeit". Das ist ein Begriff der Wissenschaftler, auf den wir hier ganz allgemein einmal eingehen müssen. Er spielt nicht nur beim Regen eine Rolle, sondern auch bei vielen anderen Produkten unseres alltäglichen Lebens.

Abb. 2: Die Wälder sterben, weil der Mensch allzu sorglos mit der Umwelt umgeht.

„Sauerkeit" —
ein paar Zeilen Theorie

Wer sich nicht weiter mit Theorie belasten will, für den genügt es, daß er hier gesagt bekommt: Alles was sauer schmeckt, enthält Stoffe, die man Säure nennt. Allerdings gibt es derart starke Säuren, daß man dies durch eine Geschmacksprobe gar nicht feststellen könnte; abgesehen davon, daß das lebensgefährlich wäre. Man würde sich sofort die Zunge verätzen. Säuren können also unterschiedlich stark sein. Je stärker eine Säure ist, desto geringere Mengen genügen, um die gleiche „Sauerkeit" zu erreichen.
Was aber sind Säuren?
Bei allen Säuren handelt es sich um Wasserstoffverbindungen, die in der Lage sind, das in jeder Säure enthaltene Element Wasserstoff als positiv geladenes Ion abzuspalten (Ion ist ein nach außen hin elektrisch geladenes Atom oder Molekül). Das ist bei den verschiedenen Säuren in sehr unterschiedlichem Maß der Fall. Bei Schwefelsäure in Wasser wird der Wasserstoff nahezu hundertprozentig als positiv geladenes Ion abgespalten; bei Kohlensäure dagegen nicht einmal 1%. Deshalb ist eine Schwefelsäurelösung auch wesentlich saurer als eine Kohlensäurelösung der gleichen Konzentration. Die Tatsache, daß Kohlensäure in fast allen Mineralwässern enthalten ist, beweist schon, daß es sich um eine sehr schwache Säure handeln muß.

Wie mißt man die „Sauerkeit"?

Da die Geschmacksprobe nicht nur ungenau, sondern unter Umständen lebensgefährlich wäre, verwendet man zur Bestimmung der Sauerkeit sogenannte Farbindikatoren. Vielleicht kennen Sie aus dem Chemieunterricht noch das Lackmuspapier. Dies ist ein solcher Farbindikator.
Diese Indikatoren sind gewissermaßen chemische Chamäleons, die ihre Farbe je nach Sauerkeit einer Lösung wechseln.
Natürlich kann man inzwischen den Säuregrad auch mit elektronischen Geräten messen (dazu gleich mehr).

Für die „Sauerkeit"
gibt es eine Maßeinheit

Als Maßstab für die „Sauerkeit" eines Stoffes wird der sogenannte pH-Wert verwendet. Wir sind in der Hobbythek darauf schon mehrfach eingegangen, so zum Beispiel in dem Kapitel im Hobbythek-Buch 2, in dem die Frische von Fleisch gemessen wird.

Die Skala der gängigen pH-Werte reicht von 0 bis 14 (vgl. Abbildung 3). Man begreift diese Skala am besten, wenn man von ihrer Mitte ausgeht: dem pH-Wert 7. Diese Marke ist nämlich der Dreh- und Angelpunkt der Skala: Es ist der pH-Wert vom reinen, destillierten Wasser. Dieses Wasser ist weder sauer noch basisch — also dem Gegenteil von sauer, weshalb dieses Wasser für unsere Zunge auch völlig nichtssagend oder auch neutral schmeckt. Entsprechend heißt der pH-Wert auch Neutralpunkt.

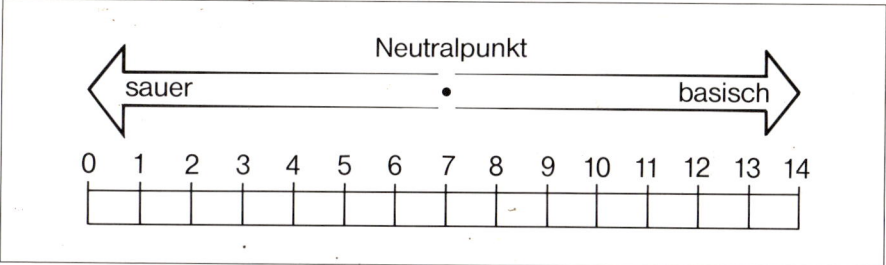

Abb. 3: *Oben:* Die pH-Wert-Skala mit dem neutralen Wert 7 in der Mitte; *unten:* hier haben wir verschiedene Stoffe ihrem jeweiligen pH-Wert zugeordnet.

Vom destillierten Wasser ausgehend kann man nun zwei Richtungen einschlagen. Gebe ich diesem Wasser Säure zu — zum Beispiel in Form von Essig —, dann komme ich in den sauren Bereich. Alle sauren Lösungen haben einen pH-Wert, der *kleiner* als 7 ist.

Fleisch enthält Milchsäure, die ihm je nach Frischegrad einen pH-Wert von 5,5 bis 6,5 verleiht. Eben dies haben wir in dem schon genannten Kapitel über Frischeprüfungen von Fleisch genutzt. *Äpfel* sind wesentlich saurer als Fleisch. Die in ihnen enthaltene Apfelsäure verleiht ihnen einen pH-Wert um 3,3. Noch saurer sind *Zitronen*. Sie haben einen pH-Wert um 2,1. Und *Essigessenz* liegt unter 2. Technische Säuren, wie zum Beispiel die Salzsäure, liegen noch weit darunter.

Spannend wird die Sache, wenn man erfährt, daß ein Sprung um eine einzige pH-Einheit — also z.B. vom pH-Wert 5 auf 4 — bedeutet, daß die Lösung *10mal saurer* ist. Hier ein Beispiel: Nehmen wir einmal an, daß 1 ml Zitronensaft in 1 l Wasser zu einem pH-Wert von 5 führt. Will ich auf den pH-Wert 4 kommen, dann muß ich schon 10 ml Zitronensaft hinzugeben. Und soll ein pH-Wert von 3 erreicht werden, dann müssen sogar 100 ml Zitronensaft in das Wasser gemischt werden. Mit 100mal mehr Säure sind lediglich 2 Einheiten auf der Skala der pH-Werte erreicht worden. Stellen Sie sich das in die Praxis des sauren Regens umgesetzt vor. Es gibt bei diesem Regen durchaus Schwankungen von 2 Einheiten auf der Skala. Das bedeutet, daß der um 2 Werte saurere Regen 100mal mehr Säure enthält!

Die Werte von 7 bis 14 auf der anderen Seite der Skala gehören zum „antisauren" Bereich. Säuren haben nämlich Gegenspieler, die man auch Antisäuren nennen könnte. In der Fachsprache der Chemiker heißen sie allerdings „Basen" oder in wässrigen Lösungen „Laugen". Mit ihnen kann man Säuren vernichten; oder besser gesagt: *neutralisieren*. Auch dafür haben wir der Skala in *Abbildung 3* ein paar Beispiele zugeordnet. So ist die Seifenlauge eine schwächere Base. Kalkwasser, Salmiakgeist oder gar Natronlauge sind starke und äußerst aggressive Basen. Mit diesen starken Basen kann man selbst die stärkste Salzsäure neutralisieren. Übrig bleibt eine Mischung, die nicht aggressiver ist als destilliertes Wasser.

Wir wollen hier noch einmal ausdrücklich sagen, daß nicht nur Säuren ätzend wirken können, sondern auch Laugen und Basen. Durch das harmloser klingende Wort Lauge sollte man sich also nicht irreführen lassen. Wer etwa zum Ablaugen von Farben auf alten Möbeln *Ätznatron* verwendet, muß damit so vorsichtig umgehen, als handle es sich um eine starke Säure. Das heißt, er muß seine Haut nicht nur vor der Lauge und seine Lungen vor den Dämpfen schützen; er darf das Zeug auch nicht in den Abfluß gießen.

Und nun zur Praxis: Wie Sie den pH-Wert bestimmen können

Für alle Messungen in diesem Kapitel benutzen wir sogenannte *Indikatoren*. Das können Papierstreifen, Meßstäbchen oder auch flüssige Indikatoren sein. Mit ihnen lassen sich nicht nur Säuren und Basen, sondern zum Beispiel auch der Nitratgehalt und andere Beimengungen messen. Mehr dazu in den späteren Abschnitten. Wenden wir uns hier zunächst der Messung des *pH-Wertes* zu.

Die *flüssigen* Indikatoren, mit denen man zum Beispiel auch messen kann, wie sauer die Gartenerde ist, reagieren am schnellsten. Das heißt, je nach pH-Wert nehmen sie eine bestimmte Färbung an, die dann mit einer Farbskala verglichen werden muß. Auch Papierindikatoren oder Indikatorstäbchen reagieren mit Farbveränderung. Allerdings brauchen sie mitunter eine Viertelstunde, bis sie sich farblich nicht mehr weiterverändern.

Aber ob nun Papier, Stäbchen oder Flüssigkeit — je *größer* der Meßbereich dieser Indikatoren ist, um so *gröber* sind die Stufen. Dazu ein Beispiel: Ein Indikator, der auf der Skala der pH-Werte von 1 bis 14 reicht, kann allenfalls pH-Unterschiede von 1 bis 2 Einheiten feststellen. Da aber der Sprung von einer Einheit zur nächsten bereits eine Verzehnfachung des Säure- bzw. Basengehalts entspricht, führen solche Indikatoren nur zu sehr ungenauen Ergebnissen.

Wenn wir die Umwelt einmal nachmessen wollen, brauchen wir in aller Regel nicht die ganze Skala von 1 bis 14. Die pH-Werte, auf die es uns ankommt, liegen meist im Bereich von 4 bis 9. Für diesen Bereich gibt es eine ganze Anzahl von Indikatoren, die zumindest Sprünge von 0,5 Einheiten feststellen können. Für die Messung von Regenwasser, Bodenproben oder Aquarium-

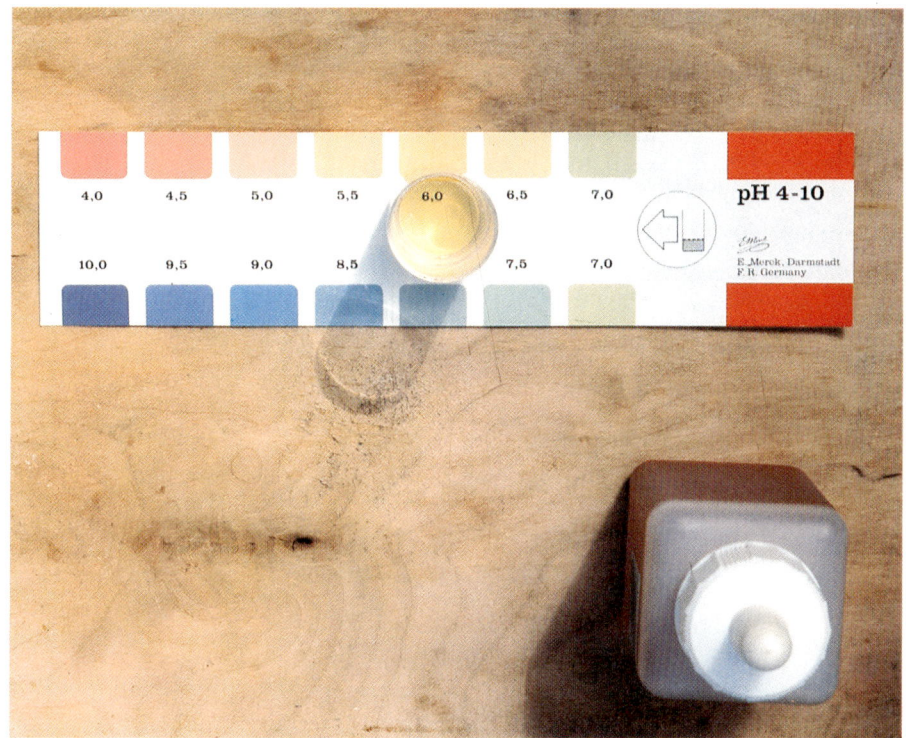

Abb. 4: Zum Messen des pH-Wertes gibt es Meßstäbchen und flüssige Indikatoren. Der Farbvergleich zeigt hier einen pH-Wert von 6 an.

Abb. 5: Hier messen wir gerade elektronisch den pH-Wert von Essig. Er beträgt 2,56.

wasser gibt es Indikatoren mit noch kleineren Meßbereichen, die bis zu 0,2 pH-Einheiten genau messen können.

Natürlich gibt es auch *elektronische pH-Meßgeräte,* die man auch kurz *pH-Meter* nennt. Sie sind aber unter 300 Mark kaum zu haben, und das ist doch ein Preis, der für einen einzelnen ziemlich hoch ist. Aber wenn Sie sich mit mehreren zusammentun, möglicherweise in einer Bürgerinitiative oder in einem Verein tätig sind, dann lohnt es sich vielleicht. Solche Geräte können

auf den *hundertsten Teil* einer pH-Einheit genau messen. Allerdings muß man mit diesen Geräten sehr sorgfältig umgehen, weil die Meßelektroden äußerst empfindlich sind. Im Anhang geben wir Ihnen ein paar Hinweise auf solche Geräte.

Zurück zum sauren Regen. Die Beschaffenheit des Regens ist zugleich ein guter Indikator für die Luftbeschaffenheit; denn Niederschläge sind gewissermaßen Duschen für die Luft. Der

Regen ist das Waschwasser unserer Luft.

Physikalisch betrachtet müßten Niederschläge den pH-Wert 7 haben; denn Regen ist von seiner Entstehung her gesehen natürliches, destilliertes Wasser. Regen entsteht ja durch Verdampfen von Wasser aus den Meeren und dem feuchten Boden, das durch Kondensieren Wolken bildet und schließlich als Regen zur Erde zurückfällt.

Nun ist aber selbst das reinste Regenwasser nicht neutral. Das war aber auch schon zu Zeiten so, als der Mensch noch nicht derart rabiat in den Naturhaushalt eingegriffen hat. In der Lufthülle unserer Erde sind nämlich von Natur aus Säurebildner enthalten; und da vor allem das *Kohlendioxid* (CO$_2$). Dieses Kohlendioxid reagiert mit der Luftfeuchtigkeit zu Kohlensäure (CO$_2$ + H$_2$O → H$_2$CO$_3$ = Kohlensäure). Diese Kohlensäure, die in wesentlich konzentrierterer Form auch im Sprudelwasser enthalten ist, verleiht dem Regen auch ohne menschliche Einflüsse einen pH-Wert von etwa 5. Sie macht den Regen sozusagen natursauer.

Wenn wir vom sauren Regen sprechen, dann meinen wir stärkere Säuregrade des Regens, die auf Luftverschmutzung durch den Menschen zurückgehen. Durch Industrieabgase und privat erzeugtem Umweltschmutz sind nämlich noch andere Säurebildner in die Luft geraten, die mit Wasser wesentlich stärkere Säuren bilden als die im ganzen harmlose Kohlensäure. Hier sind vor allem das *Schwefeldioxid* (SO$_2$) zu nennen, das in der Atmosphäre weiter zu Schwefeltrioxid (SO$_3$) reagieren kann. Hieraus entstehen mit Wasser die recht schwache schwefelige Säure (H$_2$SO$_3$) und die äußerst starke Schwefelsäure (H$_2$SO$_4$).

Dann gibt es aber noch die *Stickoxide*, die vor allem aus den Autoabgasen stammen. Sie bilden zusammen mit Wasser die salpetrige Säure (HNO$_2$) und die Salpetersäure (HNO$_3$). Sowohl das Schwefeldioxid als auch das Stickoxid wirken sich nicht nur im sauren Regen äußerst schädlich aus; sie sind in bestimmten Konzentrationen auch schädliche Atemgifte.

In der *Grafik 6* zeigen wir Ihnen, wie sich in der Bundesrepublik die Sauerkeit des Regens entwickelt hat. Noch in der Mitte der 60er Jahre lag der Regen in seinem pH-Wert durchschnittlich recht nahe an seinem natürlichen Wert von 5. Anfang der 70er Jahre näherte er sich schon bedenklich der Marke von 4. In den 80er Jahren wurden zumeist pH-Werte im Bereich zwischen 4 und 4,5 gemessen. Und das bekommt nicht nur unseren Bäumen schlecht, sondern auch vielen Bauten.

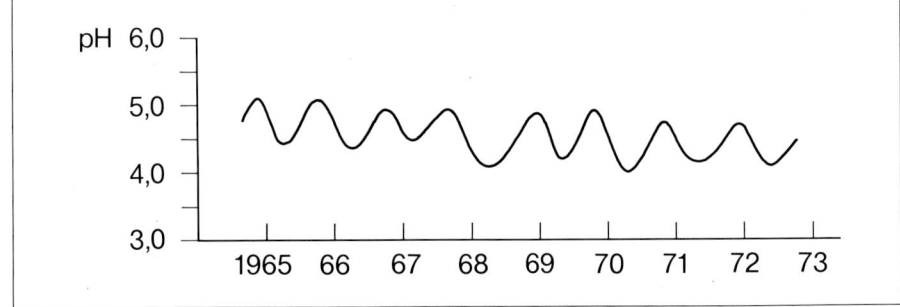

Abb. 6: Die Entwicklung der Sauerkeit des Regens in der Bundesrepublik Deutschland von 1965 bis 1973. Inzwischen liegt der Wert noch tiefer.

aus; außerdem erzielen Sie mit diesem Bereich noch eine hinreichend große Meßgenauigkeit. Von 5 bis 0 muß der Meßbereich schon reichen, weil bei extrem saurem Regen Werte weit unter pH 4 angenommen werden müssen. Der Flüssig-Indikator wird mit einer bestimmten Menge Regenwasser gemischt, die in der Gebrauchsanweisung angegeben ist. Den Indikator mit der Wasserprobe gut mischen. Die sich dann einstellende Farbe wird mit einer mitgelieferten Farbkarte verglichen.

Zum Meßverfahren

Zur pH-Messung von Regenwasser eignen sich vor allem Indikator*lösungen*. Warum Indikator*papiere* und Indikator*stäbchen* zu schlechteren Ergebnissen führen, erklären wir Ihnen gleich noch.

Indikatorlösungen liefern bei Regenwasser die schnellsten und genauesten Werte. Im Anhang nennen wir Ihnen Fabrikate, die für solche Messungen geeignet sind. Flüssig-Indikatoren mit einem Meßbereich von 5 bis 0 reichen für die Überprüfung von Regen

Indikatorpapiere und Indikatorstäbchen eignen sich weniger gut für die Überprüfung von Regenwasser, weil diese Indikatoren eine bestimmte Menge „Säurebildner" aufbrauchen. Daher immer darauf achten, daß mit genügend Flüssigkeit gemessen wird. Je mehr, um so geringer ist der Meßfehler.

Wir wollen nicht verschweigen, daß sich bei diesen Messungen eine ganze Menge Fehler einschleichen können. Das beginnt bei Fehlern, die sich beim Vergleich mit der Farbskala ergeben, und es reicht bis zu Fehlern beim Auf-

Abb. 8: Sie sollten bei Ihren verschiedenen Tests gleich die Menge der täglichen Niederschläge messen. Solche einfachen Meßgeräte gibt es für wenig Geld zu kaufen. Auf der Skala können Sie in Millimeter ablesen, wie hoch der Regen gleichmäßig verteilt auf dem Erdboden stünde, wenn er weder versickert noch abgeflossen wäre.

Abb. 7: So mißt man den pH-Wert von Regenwasser.

fangen des Regenwassers. So muß man das Auffanggefäß immer so stellen, daß weder von Bäumen, Hausdächern oder anderen Hindernissen der Regen abgespült worden ist. In solchem „Spülwasser" können Verunreinigungen in einer Konzentration auftreten, die im frei herabfallenden Regen so nicht zu finden sind.

Und auf noch etwas müssen wir hier hinweisen: Einen Beweiswert vor Gericht oder in einer Auseinandersetzung mit einem Industriewerk haben solche

Messungen nicht. Aber es stärkt auf jeden Fall Ihre Position, wenn Sie sich durch mehrere Messungen eine Art Datenbank angelegt haben, durch die auch die Fehlermöglichkeiten sich gegenseitig aufheben können und damit das Ergebnis insgesamt verbessert.

Und sollten Sie tatsächlich über längere Zeit einmal extreme Meßwerte erhalten haben, dann sollten Sie sich mit den Fachleuten der örtlichen Behörden in Verbindung setzen. Man wird Sie auf jeden Fall ernster nehmen, als wenn Sie

ohne eigene Messungen nur einen Verdacht geäußert hätten.

Andere Verunreinigungen des Regens

Der Regen ist nicht nur durch Säuren belastet, sondern auch noch durch andere chemische Produkte. Allerdings setzt ihr Nachweis Meßverfahren voraus, die dem Laien normalerweise nicht zur Verfügung stehen. Trotzdem möchten wir Sie über die wichtigsten anderen Stoffe aufklären.

Chlorid

Auch beim Chloridgehalt gibt es natürliche Quellen der Verunreinigung und solche durch den Menschen. In der Nähe der Küsten kann es zu recht erheblichen Chloridkonzentrationen kommen. Sie rühren von feinstverteilten Tröpfchen des Meerwassers her, die bei starkem Wind über See hochgerissen und dann über größere Strecken bis weit ins Landesinnere getragen werden können.

Durch Menschen erzeugter Chloridgehalt kann in Industriegebieten vor allem dann entstehen, wenn chlorhaltige Kunststoffe verbrannt werden. Dann gelangt das Chlorid in Form von Chlorwasserstoff (Salzsäure) in die Luft. Abgesehen von Küstengebieten kann in Industriegebieten der Regen einen Chloridgehalt von 4 bis 10 Milligramm pro Liter aufweisen.

Ammoniak

Ammoniak ist das Zersetzungsprodukt stickstoffhaltiger, organischer Substanzen. In der Nähe von Jauchegruben, Ställen, Kloaken usw. enthält die Luft Ammoniak. In der Industrie wird es vor allem bei der Düngemittelherstellung, aber auch in Kokereien und bei der Kunststoffherstellung freigesetzt.

Stickoxide

Stickoxide entstehen vor allem beim Hausbrand mit Kohle und bei der Verbrennung von Benzin und Dieselöl in Motoren. Allerdings bilden sich Stickoxide auch bei Gewittern. Nach den

Abb. 9: Für die verschiedenen Verunreinigungen von Regen und von Wasser überhaupt gibt es ganze Sets von Indikatoren.

Säuren gehören sie zu den umweltschädlichsten Verunreinigungen unserer Luft. (Vgl. auch die Liste ab Seite 151.)

Unser Trinkwasser unter der Lupe

Jeder Tropfen von den 200 l Wasser, die Sie täglich im Durchschnitt verbrauchen, sind irgendwann einmal als Regen irgendwo niedergekommen.

Allerdings hat sich mit diesem Regen auf seinem Weg bis zu Ihnen eine ganze Menge getan. Das Wasser hat auf der Erdoberfläche oder nach dem Versickern im Boden Stoffe aufgenommen, die dort seit jeher schon vorhanden waren oder die erst durch den Menschen dorthin gelangt sind. So kommt es, daß das Wasser, welches die Wasserwerke aus dem Boden holen, in seiner Qualität nur noch sehr bedingt etwas mit dem Regenwasser zu tun hat, aus dem es entstanden ist:

Abb. 10: Nicht überall sprudelt aus dem Hahn Wasser in bester Qualität. Wir zeigen Ihnen, wie Sie die wichtigsten Werte selbst feststellen können.

- der pH-Wert ist anders;
- es ist frei von Schwebestoffen;
- es hat lösliche Stoffe aufgenommen.

Viele dieser löslichen Stoffe sind ein Problem. Damit das Grundwasser als Leitungswasser verwendet werden kann, muß es in den Wasserwerken zumeist aufbereitet werden. Da werden schädliche Stoffe beseitigt oder in ihrem Gehalt zumindest herabgesetzt; manchmal müssen dafür andere Inhaltsstoffe zugesetzt werden. Mit anderen Worten: Regenwasser ist das eine,

Grundwasser das andere und Leitungswasser wieder etwas anderes. Welche Faktoren sind für die Qualität unseres Trinkwassers besonders wichtig? Es sind die *Härte*, der *pH-Wert* und der *Nitratgehalt.*

Ist hartes Wasser gesund?

Man kann die verschiedenen, im Wasser gelösten Stoffe zunächst einmal danach einteilen, ob sie erwünscht oder unerwünscht sind. Aber was ist erwünscht, was ist unerwünscht? Sicher

kennen Sie den weißen Belag, der sich beim Kochen von Wasser im Topf oder am Tauchsieder absetzt. Wir sagen dazu, daß er entsteht, wenn das Wasser zu „hart" ist. Der Belag rührt von Calcium- und Magnesiumsalzen her, die im Wasser gelöst sind und die sich beim Kochen als unlösliches Calcium- oder Magnesiumcarbonat am Boden oder an Heizspiralen abscheiden. Der Kalk bildet eine Art Isolierschicht. Die Folge: Die verkalkten Heizstäbe brennen nach gewisser Zeit durch, weil die Wärme durch die isolierende Kalkschicht schlechter an das Wasser abgegeben werden kann. Ein anderer Nachteil besteht darin, daß zum Beispiel in der Waschmaschine der Waschmittelverbrauch um etwa 50% steigt.

So gesehen wäre die Härte ein Nachteil. Es gibt aber auch Vorteile. Die meisten Menschen empfinden hartes Wasser geschmacklich angenehmer als weiches. Es gibt auch Untersuchungen, die belegen, daß hartes Wasser für die Menschen gesünder ist als weiches. So hat man beim Kochen von Gemüse festgestellt, daß in hartem Wasser im Gemüse mehr lebenswichtige Mineralstoffe erhalten bleiben als bei weichem. Da das Gemüse von Natur aus mehr gelöste Salze enthält als das Wasser, ist es bestrebt, diese Salze beim Kochen an das Wasser abzugeben, damit sich ein Gleichgewicht im Salzgehalt herstellt. Das nennt man fachmännisch „osmotisches Gleichgewicht". Je mehr Salze im Wasser enthalten sind, um so weniger werden aus dem Gemüse herausgelöst.

Bei der Bestimmung der Härte spricht man auch von „Gesamthärte" (im Gegensatz zur Carbonathärte).

Abb. 11: Was hier wie ein Kunstwerk aussieht, ist ein Stück Wasserrohr einer Kölner Brauerei; in dem sich Kalk abgesetzt hat.

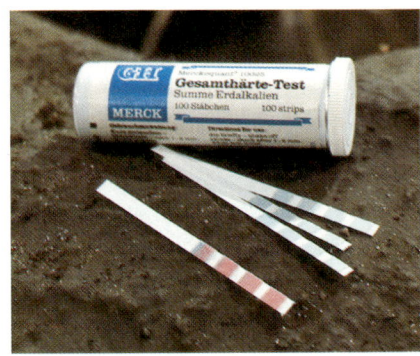

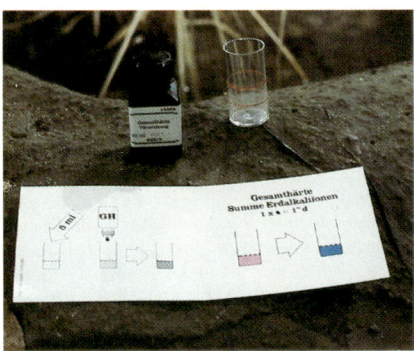

Abb. 12: Die Gesamthärte des Leitungswassers kann man mit Meßstäbchen und auch mit flüssigen Indikatoren messen.

Zur Feststellung dieser Gesamthärte gibt es wieder Indikatorstäbchen, die man eine Sekunde in die Wasserprobe eintaucht, bis alle Testzonen voll benetzt sind. Bitte nicht in fließendes Wasser halten. Nach dem Herausnehmen wird das überschüssige Wasser abgeschüttelt und nach 1 bis 2 Minuten kann man die Färbung der Testzonen mit der Farbskala vergleichen. Die Einheit, in der die Gesamthärte gemessen wird, ist „Grad deutscher Härte", kurz „°dH".

Mit den Stäbchen kann man nur ungefähr die Wasserhärte feststellen. Die Genauigkeit reicht aber aus, um mit der folgenden Tabelle zum Beispiel den Waschmittelverbrauch richtig einstellen zu können. Die vier verschiedenen Härtebereiche (HB) sind auf allen Waschmittelpackungen angegeben:

HB 1:	bis 7°dH	weich
HB 2:	7—14°dH	mittelhart
HB 3:	14—21°dH	hart
HB 4:	21°dH	sehr hart

Wollen Sie die Gesamthärte auf einen Härtegrad genau bestimmen, dann müssen Sie Testlösungen verwenden, für die wir Ihnen Beispiele im Anhang nennen. Sie beruhen alle auf dem gleichen Prinzip. Eine bestimmte Menge Wasser wird mit so vielen Tropfen Indikatorlösung versetzt, bis die Farbe umschlägt (zum Beispiel von rot nach blau). Die Anzahl der verbrauchten Tropfen gibt an, wieviel °dH das Wasser hat.

Abb. 13: Auch wenn nicht mit künstlichem Dünger, sondern mit Jauche gedüngt wird, kann Schaden entstehen. Ins Grundwasser können Bakterien gelangen und der Nitratgehalt der Pflanzen kann zulässige Grenzen überschreiten.

Die Messung des pH-Wertes

Für diese Untersuchung eignen sich Teststäbchen im Gegensatz zur Untersuchung des Regenwassers sehr gut. Das Trinkwasser enthält mehr gelöste Salze. Halten Sie das Stäbchen drei bis fünf Minuten in das stehende Wasser. Dann bekommen Sie einen richtigen Wert.

Gut verwenden lassen sich aber auch Indikatorlösungen.

Auf die Nitratmessung vom Trinkwasser wollen wir im nächsten Kapitel eingehen. Dies ist ein derart wichtiger Bereich, daß wir ihn doch etwas ausführlicher behandeln müssen.

Nitrat, Nitrit, Nitrosamine — was ist das?

Nitrat (NO_3) ist eine Verbindung von *Stickstoff* und *Sauerstoff*. Es kommt im Boden natürlicherweise vor, und es ist ein Schadstoff für den Menschen erst, wenn es im Wasser und in Lebensmitteln in zu hoher Dosis enthalten ist. Pflanzen brauchen nämlich den im Nitrat gebundenen Stickstoff zum Aufbau von pflanzeneigenem Eiweiß. Überläßt man die Natur sich selbst, dann sorgen bestimmte Pflanzen dafür, daß immer genügend Stickstoff im Boden enthalten ist. Manche Pflanzen können nämlich den Stickstoff der Luft binden. Sie wirken wie natürliche Düngemittel. Zu den Stickstoffsammlern gehören zum Beispiel die Lupine, Klee, Erbsen.

Unsere intensive Landwirtschaft baut aber kaum noch auf diesen natürlichen Haushalt. Da die meisten Nutzpflanzen dem Boden ständig Nitrat entziehen, düngen die Bauern nach, und zwar in Form von künstlichem Dünger, der meist aus Ammoniumverbindungen besteht. Genommen werden aber auch Jauche, Mist, Kompost.

Beim Düngen beginnt das eigentliche Problem. Wird nämlich mehr Nitrat gedüngt als die Pflanze benötigt, gelangt dieses Nitrat mit dem Regenwasser in tiefere Erdschichten und dann ins Grundwasser. Von dort gelangt das überschüssige Nitrat dann in unser Trinkwasser.

Aber auch die Pflanzen nehmen bei einem Überangebot mehr Nitrat auf, als sie eigentlich benötigen, und sie speichern es. Dieses Nitrat kommt dann durch das Gemüse ebenfalls auf unseren Tisch.

Aber wir haben es nicht nur mit dem Nitrat zu tun, sondern auch mit seinen Umwandlungsprodukten *Nitrit* und den *Nitrosaminen*.

Nitrit (NO_2) kann aus Nitrat durch die Einwirkung von bestimmten Bakterien entstehen. Der Umwandlungsprozeß erfolgt zum Teil im Erdboden, aber auch im Wasser, in Lebensmitteln und sogar im menschlichen Körper selbst. Nitrit ist — das muß man so deutlich sagen — giftig. Während Nitrat erst in einer Menge von 8 bis 10 g zu Reizungen des Darms und des Magens führt — das ist eine Menge, die die tägliche Nitrataufnahme um ein Vielfaches übersteigt —, können schon etwas mehr als 2 g Nitrit zum Tod führen.

Nun gelangt Nitrit kaum über das Wasser und auch nur unter bestimmten Bedingungen über pflanzliche Lebensmittel in unseren Körper. Nitrit nehmen wir vor allem über *Fleisch* und *Wurstwaren* auf, die gepökelt sind. Nitrit ist nämlich ein Bestandteil des Pökelsalzes. Und wenn man bedenkt, daß in der Bundesrepublik Deutschland 95% aller Wurstsorten gepökelt sind, der Schinken ohnehin und manche Fleischsorten auch, dann hat man kaum eine Chance, sich diesem Stoff zu entziehen. Mit dem Pökeln macht man Fleisch einerseits haltbar, andererseits erhält das Salz dem Fleisch auch die schöne rote Farbe. Auch der Geschmack wird positiv beeinflußt.

Sollten Sie Vegetarier sein, dann sind Sie vor Nitrit freilich auch nicht ganz sicher. Durch Wiederaufwärmen von nitratreichem Gemüse wie zum Beispiel Spinat oder Wirsing, kann durch Bakterien eine Umwandlung von Nitrat in Nitrit erfolgen. Dieser Prozeß kann auch in Gang kommen, wenn das Gemüse zu warm gelagert wird oder wenn es nicht mehr ganz frisch ist. Aber auch im menschlichen Körper selbst kann aus Nitrat das schädliche Nitrit gebildet werden. Die Umsetzung beginnt schon im Speichel.

Was ist an Nitrit so schädlich?
Über den Magen und den Darm gelangt es in den Blutkreislauf. Und jetzt beginnt ein vor allem für Säuglinge verhängnisvoller Prozeß. Das Nitrit verbindet sich mit dem Farbstoff der roten Blutkörperchen — dem *Hämoglobin* — zu *Methamoglobin*. Die roten Blutkörperchen sind dann nicht mehr in der Lage, den lebenswichtigen Sauerstoff in alle Teile des Körpers zu transportieren. Säuglinge erkranken dann an der sogenannten Blausucht. Erst ab seinem 6.

Lebensmonat ist der Mensch gegen diese Art der Erkrankung gefeit. Erst dann hat der Körper ein Schutzsystem entwickelt, bei dem durch einen besonderes Enzym der durch Nitrit blockierte rote Blutfarbstoff wieder in eine Form zurückverwandelt wird, die Sauerstoff transportieren kann.

Ohne Frage bleibt Nitrit auch für den erwachsenen Menschen eine Gefahr. Es kann sich nämlich im Magen mit den Bausteinen des Eiweißes — den sogenannten Aminosäuren — zu *Nitrosami-*

Abb. 14: Hier demonstriert Jean Pütz, wie sich im Körper des Menschen Nitrosamine bilden können.

nen verbinden. Diese Umsetzung vollzieht sich nur im sauren Milieu, das im Magen durch die Magensäure gegeben ist. In Tierversuchen hat man herausgefunden, daß Nitrosamine stark krebserregend sind.

Nitrosamine können sich jedoch nicht nur im Körper bilden, sondern schon mit der Nahrung aufgenommen werden. Sie können sich zum Beispiel in stark gepökelten Fleischwaren wie Speck und Schinken befinden. Aber auch dort, wo gepökeltes Fleisch mit stark eiweißhaltigen Nahrungsmitteln wie etwa Käse erhitzt werden, können sich Nitrosamine bilden.

Lassen Sie uns an dieser Stelle sagen, daß wir Ihnen keineswegs das Essen und Trinken verleiden wollen. Wir wollen Sie nur darüber informieren, was Sie eigentlich unbemerkt alles zu sich nehmen. Und wir wollen Sie im nächsten Abschnitt darüber informieren, ab welcher Menge die Sache gefährlich wird. Und da wir Ihnen gleichzeitig zeigen, wie Sie den Nitratgehalt in Wasser, Sprudel und anderen Flüssigkeiten messen können — das sind die Hauptlieferanten von Nitrat —, haben Sie die Möglichkeit, sich zu schützen.

Nitrat und Nitrit im Wasser und in Lebensmitteln

Trinkwasser

Man darf nicht vergessen, daß Trinkwasser unser wichtigstes Lebensmittel ist. Auf andere Nahrung kann man eine ganze Weile verzichten; auf Wasser jedoch nicht. Jeder von uns nimmt im Tagesdurchschnitt zwei Liter Wasser in verschiedenster Form zu sich: als Kaffee, Tee, Saft, Mineralwasser oder auch als pures Leitungswasser.

Der Grenzwert für Nitrat im Trinkwasser ist in der Bundesrepublik festgelegt. Nachdem jahrelang 90 mg pro Liter galten, sind es jetzt 50 mg pro Liter; ein Wert übrigens, der in den EG-Richtlinien festgelegt ist. 50 mg sind ein 20stel eines Gramms. Wir sagten vorhin schon, daß etwa 8 bis 10 g zu Reizungen des Darms und Magens führen kann; das wären 8.000 bis 10.000 mg. Trinken Sie 2 Liter pro Tag, dann sind es erst 100 mg.

Nun sind Magen- und Darm*reizungen* natürlich bereits unakzeptable Gefahren. Deshalb ist ein anderer Wert für uns interessant, den die Weltgesundheitsorganisation (WHO) empfiehlt.

Danach soll ein erwachsener Mensch über feste und flüssige Nahrungsmittel pro Tag nicht mehr als 250 mg Nitrat aufnehmen. Hat man über Getränke schon 100 mg aufgenommen — in manchen Gemeinden sind es heute sicher noch mehr —, dann bleibt für die übrigen Nahrungsmittel wie Fleisch, Wurst usw. nicht mehr viel übrig. Um so wichtiger ist es, den Nitratgehalt des Trinkwassers so niedrig wie möglich zu halten und ihn vor allem zu kennen. Es gibt nämlich Gemeinden, in denen hat man wegen der schlechten Qualität des Grundwassers große Schwierigkeiten, die neuen Grenzwerte der EG einzuhalten. Man mischt dort das nitratreiche Grundwasser mit nitratarmem Grundwasser aus anderen Gegenden.

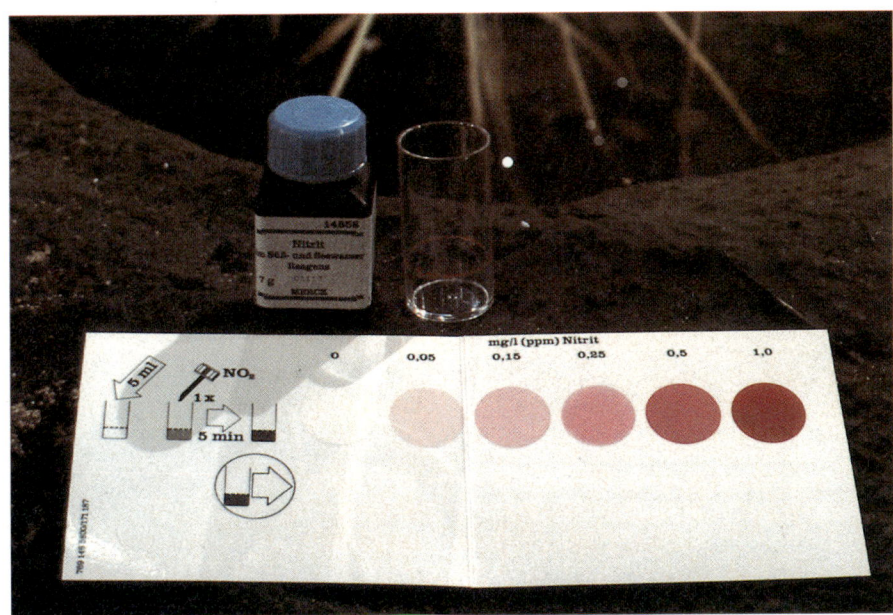

Abb. 15: Ein flüssiger Indikator für den Nachweis von Nitrit.

Große Probleme bereiten die vielen Privatbrunnen, die es auf dem Lande immer noch gibt. Durch Überdüngung der Felder haben sie oft einen Nitratgehalt von 200 mg pro Liter und mehr. Wie gefährlich das vor allem für Säuglinge sein kann, haben wir schon gesagt. Wer einen solchen Brunnen hat, sollte den Nitratgehalt auf jeden Fall messen (vgl. dazu ab Seite 141.

Mineralwasser

Wer glaubt, mit Mineralwasser sei er alle Sorgen los, kann sich sehr irren. So hat zum Beispiel das Öko-Institut in Freiburg im September 1984 über 100 Mineral- und Tafelwasser geprüft und einen zum Teil recht hohen Nitratgehalt festgestellt. Sie sollten deshalb nur Mineralwasser kaufen, auf dem der Nitratgehalt angegeben ist und bei dem er unter 10 mg pro Liter liegt. Dieses Mineralwasser ist auch hervorragend zur Zubereitung von Babynahrung geeignet.

Gemüse

Wir wollen hier nicht von dem Nitrat reden, das die Pflanze zu ihrem Aufbau braucht. Es geht hier vielmehr um Nitratanreicherungen in Gemüsen, die durch Überdüngung und andere Faktoren entstehen. Der Nitratgehalt hängt auch von Gemüseart und von den Wachstumsbedingungen ab.
Hier zunächst zur *Gemüseart*.
Der Nitratgehalt kann je nach Art beträchtlich schwanken. Spinat, Kopfsalat, Rote Beete, Kresse enthalten bereits von Natur aus hohe Konzentrationen (vgl. *Tabelle 17*). Es gibt dafür sogar eine Faustregel: Der Nitratgehalt nimmt in der Reihenfolge Blattgemüse (zum Beispiel Grünkohl), Wurzel- und Knollengemüse (zum Beispiel Kartoffeln), Fruchtgemüse (zum Beispiel Tomaten) ab.
Wichtig ist es auch zu wissen, daß das Nitrat nicht gleichmäßig in der Pflanze verteilt auftritt. Bei Blattgemüse befindet es sich vorwiegend in den wasserführenden Blattrippen und Stengeln; außerdem enthalten zum Beispiel bei Kopfsalat die äußeren Blätter mehr Nitrat als die inneren. Diese unterschiedliche Verteilung führt auch bei den Messungen, die wir gleich noch beschreiben werden, zu unterschiedlichen Ergebnissen.

Und nun zu den *Wachstumsbedingungen*.
Hierzu gehören das Düngen, die Dauer des Sonnenscheins usw. Wir sagten schon, daß die Pflanze bei Überdüngung das Nitrat nicht vollständig in Eiweiß umwandelt, sondern speichert. Umwandlung oder Speicherung sind aber auch von der Art und Dauer der Sonneneinstrahlung abhängig. Die Pflanze braucht nämlich Energie in Form von Licht zum Aufbau von Eiweiß. Hier ein Beispiel:
Wird Kohlrabi im Herbst geerntet, wenn die Sonneneinstrahlung gering ist, liegt der Nitratgehalt um das 2,5fache höher

Abb. 16: Auch noch so appetitlich aussehendes Gemüse kann erhebliche Mengen von Nitrat enthalten.

Lfd. Nr.	Gemüsesorte	Proben- zahl	Mittel- wert	Niedr. Wert	Höchst- wert
I. Geringe Nitratgehalte (bis 500 mg/kg)					
1	Rosenkohl	3	15	10	25
2	Bohnenkeime	1	15	15	15
3	Tomaten	24	35	5	110
4	Spargel	1	40	40	40
5	Speisepilze	7	50	20	70
6	Gemüsepaprika	18	50	5	60
7	Erbsen	4	50	25	70
8	Schwarzwurzeln	6	50	30	70
9	Zwiebel	21	100	5	720
10	Gurken	20	110	25	260
11	Kartoffeln	46	110	30	340
12	Blumenkohl	37	320	10	1030
13	Möhren/Karotten	98	350	20	1200
14	Brokkoli	7	380	50	700
15	Bohnen	9	410	50	700
16	Rotkohl	22	430	50	1010
17	Chicoree	8	470	5	3300
II. Mittlere Nitratgehalte (500–ca. 1000 mg/kg)					
18	Porree	15	520	20	1560
19	Wirsingkohl	16	550	35	1800
20	Sellerieknolle	71	730	30	3640
21	Zucchini	10	780	420	1380
22	Endiviensalat	66	800	50	2590
23	Weißkohl	123	820	10	3230
24	Eisbergsalat	8	950	650	1700
III. Hohe Nitratgehalte (ca. 1000–4000 mg/kg)					
25	Spinat	129	990	20	3580
26	Grünkohl	72	1010	10	3640
27	Fenchel	13	1090	80	3100
28	Chinakohl	48	1130	180	2610
29	Kohlrabi	169	1180	200	4380
30	Petersilie	53	1240	5	5640
31	Feldsalat	63	1480	10	4330
32	Rettich	189	1820	50	4960
33	Radieschen	181	1850	80	5900
34	Rote Beete	159	1920	100	5360
35	Kopfsalat	583	1980	50	6610
36	Kresse	52	3120	50	9600
37	Mangold	11	3500	1450	5780

Abb. 17 Nitrat im Gemüse, sortiert nach steigenden Nitrat-Gehalten. Die Werte bedeuten mg/kg; die Werte sind gerundet (zusammengestellt von Dr. G. Josst, Düsseldorf).

als bei der Ernte im Sommer. Die gleiche Ursache hat wahrscheinlich der unterschiedliche Nitratgehalt von Freiland- und Treibhausgemüse. Treibhaussorten werden meist zu einer Jahreszeit angebaut und geerntet, in der die Sonneneinstrahlung nicht sehr intensiv ist. Folglich enthalten sie mehr Nitrat als Freilandgemüse.

Das führt uns gleich zu einem Einkaufstip: Kaufen Sie Gemüsesorten ruhig wie in alten Zeiten nur zu derjenigen Jahreszeit, in der das Gemüse unter normalen Wachstumsbedingungen gedeihen kann. Muß man denn zu jeder Jahreszeit frische Radieschen essen? Die *Tabelle 17* wurde zusammengestellt, damit Sie bei Ihren eigenen Messungen vergleichen können, wie der durchschnittliche Nitratgehalt bei den verschiedensten Gemüsesorten ist. In der *Tabelle 18* finden Sie ein paar Meßergebnisse, die wir selber erzielt haben. Beim Vergleich werden Sie feststellen, daß es bei uns zum Teil erhebliche Abweichungen gegeben hat. Das liegt nicht am ungenauen Meßverfahren (wir haben elektronisch gemessen), sondern an den starken Schwankungen des Nitratgehalts, der ja auch schon aus der *Tabelle 17* hervorgeht. Niedrigster und höchster Wert gehen zum Beispiel beim Chicorée um das Siebenfache auseinander. Um so wichtiger ist es, daß man immer wieder einmal Stichproben macht. Kaufen Sie ständig beim selben Händler, der wahrscheinlich auch immer wieder beim selben Lieferanten einkauft, dann können Sie sehr schnell herausbekommen, welche Gemüsesorten bei ihm gut und welche übermäßig mit Nitrat belastet sind.

Wie mißt man den Nitratgehalt?

Messung des Nitratgehalts von Flüssigkeiten

Zunächst die Messung von *Flüssigkeiten*. Da müssen wir unterscheiden zwischen Wasser, Mineralwasser und anderen nahezu farblosen Flüssigkeiten und solchen, die eine starke Eigenfärbung haben. Denn wir messen mit Meßstäbchen, die den Nitratgehalt durch Farbveränderung anzeigen. Wenn aber eine Flüssigkeit zum Beispiel eine tiefrote Eigenfarbe hat, dann hilft uns die ganze Vergleicherei mit der Farbskala nichts.

Hier zunächst die Messung von *klaren* Flüssigkeiten.

Sie brauchen dafür Teststäbchen (vgl. Bezugsquellennachweis im Anhang) und eine Uhr mit Sekundenzeiger. Und so wird es gemacht: Teststäbchen 5 Sekunden in die zu überprüfende Flüssigkeit tauchen, es herausnehmen und die Restflüssigkeit gut abschütteln. Je nach Teststäbchen 1 bis 2 Minuten warten. Danach können Sie durch Vergleich mit einer Farbskala den Nitratgehalt in Milligramm pro Liter (mg/l) ablesen.

Nun kann in den Flüssigkeiten außer Nitrat auch Nitrit enthalten sein. Dafür haben die Teststäbchen eine weitere Testzone. Ist sie ebenfalls gefärbt, dann ist in der Flüssigkeit nicht nur Nitrat, sondern auch Nitrit enthalten. Es ist eine Eigenart der Meßstäbchen, daß sie im unteren Meßbereich Nitrat und Nitrit nicht unterscheiden können. Der Gehalt, den Sie mit dem Testbereich für Nitrat gemessen haben, enthält deshalb

	Nitratgehalt mg/kg	Bemerkungen
Kartoffel	ca. 40	Teststreifen zwischen die Kartoffelstücke gehalten
	ca. 80	aus dem Saft
Tomate	10	
Gemüsepaprika grün	10	direkt
rot	10	Saft vorher entfärbt
Möhren I	ca. 300	Saft
II	ca. 140	Saft
Zucchinis	15	direkt
	65	Saft
Wirsing	55	etwas Saft, mit dem Messer abgekratzt
Blumenkohl	10	direkt
rote Beete	ca. 2000	Saft 1+7 = 8 verdünnt, entfärbt
Kopfsalat	ca. 5000	Saft 1+19 = 20 verdünnt
Feldsalat	500	einige Blätter geknickt und fest zusammengepreßt. Da man mit der Knoblauchpresse kein Saft zum Verdünnen herauspressen ließ, konnte der genaue NO_3-Gehalt nicht bestimmt werden.

Abb. 18: Dies sind unsere eigenen Messungen des Nitratgehalts mit Hinweis darauf, wie wir gemessen haben.

auch den Nitritgehalt. Das soll Sie aber nicht weiter stören, da *beide* Stoffe ja nicht gerade gesundheitsfördernd sind. Es kann für Sie genügen zu wissen, daß eine Flüssigkeit außer einem bestimmten Nitratgehalt auch Nitrit enthält und daß sie dadurch gefährlich sein kann.

Und nun zur Messung von Flüssigkeiten *mit* Eigenfarbe.

Zu solchen Flüssigkeiten zählen zum Beispiel Obst- und Gemüsesäfte. Damit wir sie messen können, müssen wir

sie entfärben. Das ist relativ leicht zu bewerkstelligen, indem wir die Farbe mit pulverisierter Aktivkohle entfernen, die es in der Apotheke oder im Laborfachhandel gibt. Gießen Sie etwa einen Eßlöffel Saft in einen Eierbecher, fügen Sie eine Messerspitze Aktivkohle hinzu, mischen Sie alles gut und gießen Sie das Gemisch dann durch eine Tüte aus gefaltetem Blaubandfilter, den Sie mit der Aktivkohle gleich zusammen kaufen können. Wie man die Tüte faltet, sehen Sie auf *Abbildung 20.*

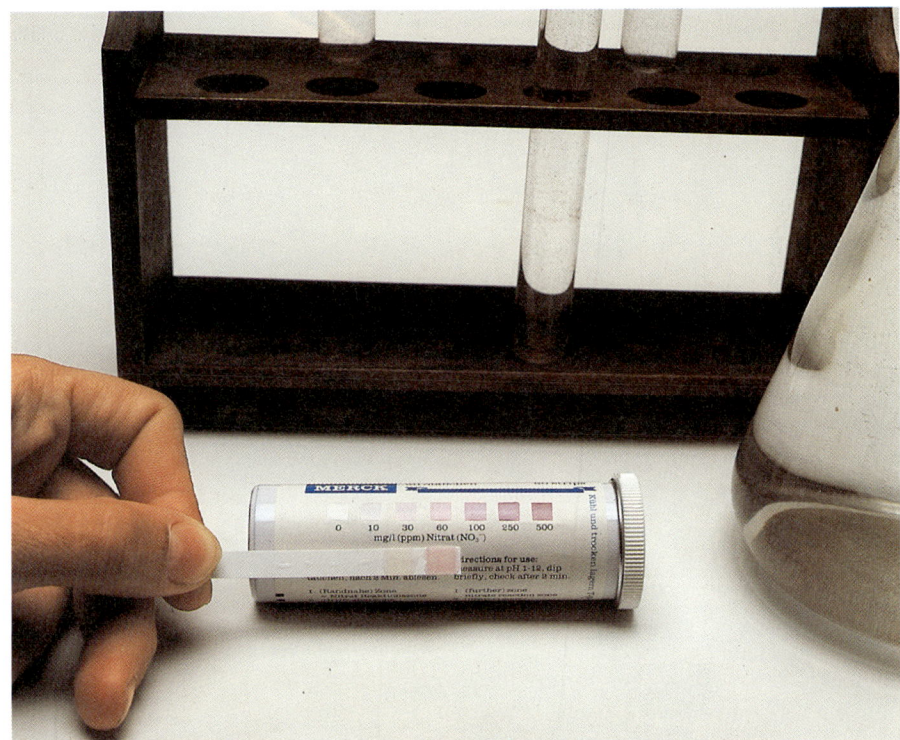

Abb. 19: Die Messung des Nitratgehalts im Trinkwasser ist ganz einfach durch Teststäbchen und Farbvergleich.

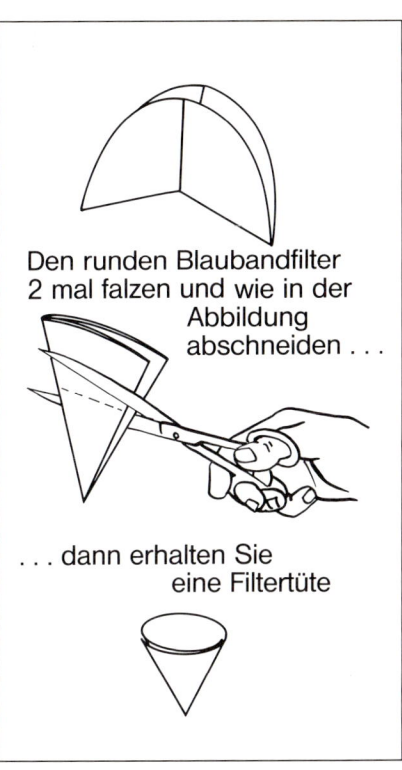

Abb. 20: Wie man sich eine einfache Filtertüte für das Entfärben von Flüssigkeiten falten kann.

Ist der Saft bei einmaligem Filtern noch nicht farblos, dann wiederholen Sie das ganze noch einmal. Der farblose Saft wird dann auf die gleiche Weise wie das Wasser gemessen.

Bei Flüssigkeiten mit hohem Nitratgehalt gibt es jedoch noch ein weiteres Problem. Der Höchstwert des Teststäbchens ist 500 mg/l. Wird diese Höchststufe durch entsprechende Verfärbung angezeigt, dann kann die Flüssigkeit zwar tatsächlich 500 mg/l enthalten; es können aber ebensogut auch 3.000 oder 5.000 oder mehr mg/l sein. Um das herauszubekommen, behelfen wir uns mit einem Trick.

Wir verdünnen die Flüssigkeit einfach und gehen dabei so vor:

Geben Sie einen Teelöffel entfärbten Saft in einen Eierbecher. Nachdem Sie den Teelöffel gut abgespült haben, geben Sie einen Teelöffel Wasser hinzu. (Wir haben dafür destilliertes Wasser genommen; es geht aber auch mit normalem Trinkwasser, da bei so hohen Nitratgehalten der Gehalt aus dem Was- ser keine Rolle mehr spielt.) Gut mischen und dann messen wie oben beschrieben. Zeigt das Meßstäbchen jetzt zum Beispiel einen Nitratgehalt von 250 bis 500 mg/l an, dann müssen Sie den Wert mit 2 malnehmen, da Sie den Saft auf die Hälfte der ursprünglichen Konzentration verdünnt haben. Der Saft in unserem Beispielfall hat also einen Nitratgehalt zwischen 500 und 1.000 mg/ l. Sollte auch bei dieser Messung noch der Höchststand von 500 mg/l angezeigt werden, dann müssen Sie einfach

147

noch stärker verdünnen. Im folgenden Kästchen zwei Beispiele für eine Verdünnung auf das Vierfache bzw. Zehnfache der ursprünglichen Flüssigkeitsmenge.

Beispiel:
1 TL Saft + 3 TL Wasser =
4 TL Flüssigkeit
gemessenen Wert mit dem Teststäbchen mal 4

1 TL Saft + 9 TL Wasser =
10 TL Flüssigkeit
gemessenen Wert mit dem Teststäbchen mal 10

usw.

Dieses Verfahren ist vor allem wichtig bei der Messung des Nitratgehalts von Gemüse. An der *Tabelle 17* können Sie sehen, daß der Gehalt der meisten Sorten über 500 mg/l liegen kann.

Messung des Nitratgehalts bei Gemüse

Hier gibt es je nach Gemüseart unterschiedliche Verfahren.

Bei *Wurzelgemüsen* wie Möhren und Kartoffeln kann es genügen, den Teststreifen zwischen zwei Gemüsestücke zu pressen. Nach etwa 5 Sekunden dürfte das Teststäbchen gut durchfeuchtet sein, also genügend Saft für eine Messung enthalten. Auch hier wird wieder 1 bis 2 Minuten gewartet und dann mit der Skala verglichen. Zeigt der Streifen 500 mg/kg, dann müssen Sie allerdings ein wenig Saft aus den Wurzeln pressen und ihn wie oben beschrieben verdünnen. Nun brauchen Sie dafür nicht so große Mengen wie für

Abb. 21: So filtert man farbige Flüssigkeiten, Säfte usw., die man entfärben will.

ein Babygericht; es genügt, wenn Sie ein paar kleine Stücke der Möhre oder Kartoffel mit Hilfe einer Knoblauchpresse auspressen. Einen Teelöffel voll bekommt man da ziemlich schnell zusammen.

Bei Möhren ist ratsam, nicht nur eine zu messen, sondern drei bis vier Möhren. Es kann nämlich durchaus sein, daß die eine Möhre 200 mg/kg aufweist, die andere hingegen bereits 500 mg/kg. Mischen Sie ruhig den Saft aller drei bis vier Möhren zusammen, dann erhalten Sie den Durchschnittswert.

Bei roten Beeten ist die Prüfung etwas aufwendiger, weil sie eine sehr starke Eigenfarbe haben und der Nitratgehalt auch meistens sehr hoch liegt. Hier muß auf jeden Fall Saft gepreßt werden, den man in den meisten Fällen um ein Mehrfaches verdünnen muß.

Wir haben uns das Verfahren vereinfacht, indem wir mit sehr geringen Saftmengen gearbeitet haben. Das geht nur mit einer Impfspritze aus der Apotheke, die eine Skala mit einer 0,1 ml-Einteilung hat. Da genügt es schon 0,2 ml Saft aufzuziehen und diese geringe Saftmenge in derselben Spritze mit weiteren 0,8 ml Wasser aufzufüllen. Achten Sie beim Aufziehen aber darauf, daß keine Luft in die Spritze kommt, weil sonst die Mengen ungenau werden.

Anschließend wird die Saft-Wasser-Mischung wieder mit Aktivkohle entfärbt und danach mit dem Meßstäbchen nachgemessen. Haben Sie tatsächlich 0,2 ml Saft (= 1 Teil) und 0,8 ml Wasser (= 4 Teile) gemischt, dann müssen Sie den am Meßstäbchen abgelesenen Wert mit 5 multiplizieren (1 + 4 = 5).

Den Saft zu messen, ist bei den meisten Gemüsesorten das einfachste Verfahren. Saft bekommt man nämlich auch aus Kopfsalat, Zucchini, Wirsing und anderen Gemüsesorten heraus. Wir haben nach dieser Methode verschiedene Gemüsesorten ausgemessen und dabei die Ergebnisse in *Tabelle 18* erhalten. Dabei stand uns ein Gerät zur Verfügung, das die Verfärbung des Teststreifens genau vermißt und digital anzeigt. Auf diese Weise können Zwischenwerte wie zum Beispiel einen Nitratgehalt von 355 ml/kg bestimmt. Die Anschaffung eines solchen Gerätes wird sich für die meisten nicht lohnen. Wer aber in einer Gruppe arbeitet,

Gemüsebauer oder Besitzer eines kleinen Labors ist, für den lohnt es sich schon.

Wann ist Friteusenfett verdorben?

Auf Jahrmärkten, vor schlecht geführten Imbißbuden und auch in manchen Restaurants ist Ihnen sicher schon einmal der unangenehme Geruch von altem Friteusenfett aufgefallen. Der stört nicht nur empfindliche Nasen, sondern er ist auch ein Zeichen dafür, daß das Fett verdorben sein und der Gesundheit schaden kann.

Abb. 22: Bei Möhren und anderen Wurzelgemüsen wird das Teststäbchen einfach fest zwischen zwei Stücke gepreßt.

149

Fette verderben, wenn sie zu hoch und zu lange erhitzt werden. Neben der Temperatur spielt auch der Luftsauerstoff eine Rolle. Er verbindet sich mit den Fetten und bildet Zersetzungsprodukte, die den typischen Geschmack von altem Fett erzeugen und vor deren Genuß man nur warnen kann.

Auch für die Prüfung von Friteusenfett gibt es Meßstäbchen. Für den Laien verfügbar und auch recht einfach anwendbar sind zwei Tests, die wir Ihnen im Anhang nennen.

Das eine Verfahren, „Fritest", ist einfacher anzuwenden als der sogenannte „Oxifrit-Test"; dafür ist er aber auch etwas ungenauer. Der Fritest macht sich die Tatsache zunutze, daß sich durch Erhitzen belastete Fette durch Zugabe von Alkalien gelb bis braun färben. Die Fritest-Stäbchen enthalten solche Alkalien (also Basen). Der Nachteil dieses Verfahrens ist, daß alte Fette in aller Regel eine stark gelb-braune bis tiefbraune Farbe haben. Die Eigenfarbe des Fettes kann sich deshalb verfälschend auf den Test auswirken. Man kann nämlich nicht davon ausgehen, daß ein braunes Fett auch gleich verdorben ist. Der Oxifrit-Test ist zwar etwas umständlicher anzuwenden, dafür ist er aber genauer. Er mißt beim Fett, ob sich durch Oxidation Zersetzungsprodukte gebildet haben und das Fett deshalb verdorben ist. Der Oxifrit-Test enthält Indikatoren, die entsprechend der Menge an Oxidationsprodukten ihre Farbe verändern. Gibt man die Prüflösung dieses Tests zu dem erhitzten Fett, dann erhält man durch Farbveränderung von braun nach olivgrün eine Aussage darüber, ob das Fett noch zu benutzen ist oder nicht.

Abb. 23: Vorsicht vor altem Friteusenfett, das oft schon am stechenden Geruch zu erkennen ist.

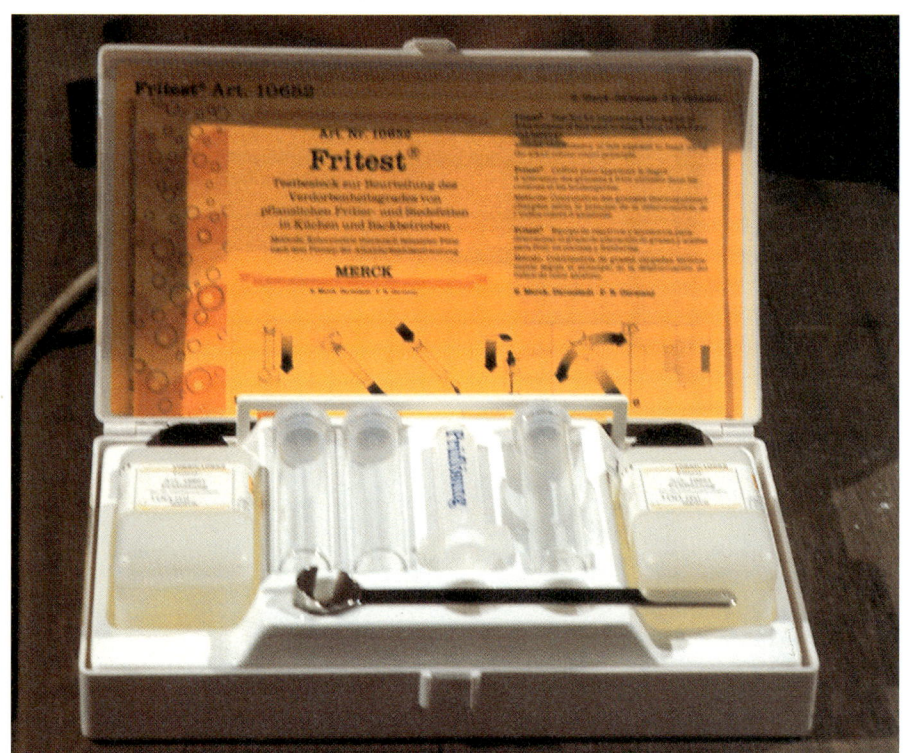

Abb. 24: Das Testverfahren „Fritest" ist zwar einfach anzuwenden, aber nicht sehr genau.

Auf einen Blick:
Wasseranalytik für den Nichtfachmann

Hier folgt eine Übersicht über die verschiedensten Schadstoffe, die im Wasser enthalten sein können. Nicht alle diese Stoffe gehen auf Umweltsünden des Menschen zurück, sondern sind natürlicherweise enthalten — oft freilich in geringeren Mengen.

Die beschriebenen Bestimmungsmöglichkeiten sind für den Nichtfachmann ausgewählt, also ohne größeren Laboraufwand anwendbar. Bei denjenigen analytischen Methoden, die vorher schon ausführlicher behandelt wurden, wird auf die entsprechende Seite verwiesen.

Bei den vorgeschlagenen Testmaterialien handelt es sich wegen der unkomplizierten Handhabung meist um Teststäbchen, seltener um Testlösungen. Die Adressen der Bezugsquellen (im laufenden Text in Form von eingeklammerten Zahlen gekennzeichnet) finden Sie im Anhang.

Aluminium
Aluminium ist ein relativ ungiftiges Element, das z.T. bei der Wasseraufbereitung als Ausfällungsmittel eingesetzt wird. Bei der Problematik des sauren Regens spielt es eine nicht unbedeutende Rolle, da es bei einer Versauerung der Böden von dem Oberflächenwasser aus dem Boden herausgelöst wird und so in verstärktem Maße auftritt (und dann pflanzenschädigend wirkt). Aluminium ist damit ein Indikator für eine Versauerung des Bodens. Weiterhin kann Aluminium unter Umständen in Wein und Bier vorkommen und dort zu geschmacklichen Veränderungen führen. Der Nachweis kann auch vom Laien durchgeführt werden mit:
1. Merckoquant Aluminium-Test, Best.-Nr.: 10016 (1). Meßbereich: 10—250 mg/l.
2. Quantofix Aluminium, Art.-Nr.: 91307 (2). Meßbereich: 5—500 mg/l. 100 Teststäbchen.

Ammonium
Oberflächen- und Grundwasser enthalten häufig, Abwasser immer Ammonium-Ionen (vgl. auch S. 133). Trinkwasser darf keine nachweisbaren Mengen Ammonium enthalten, da hierdurch hygienisch bedenkliche Verhältnisse angezeigt werden („natürliche" Verunreinigung durch Fäkalien usw.). Mineralwässer können dagegen Ammoniumverbindungen enthalten, ohne hygienisch bedenklich zu sein.

Auch bei der Beurteilung betonangreifender Wässer wird der Ammoniumtest mit herangezogen. Wässer mit 15—30 mg/l sind schwach angreifend, 30—60 mg/l stark angreifend, über 60 mg/l sehr stark angreifend. Der Nachweis kann durchgeführt werden mit:
1. Merckoquant Ammonium-Test, Best.-Nr.: 10024 (1). Meßbereich: 10—400 mg/l. Teststäbchen plus Natronlauge für 50 Bestimmungen.
2. Ammonium-Testpapier zum qualitativen Nachweis, Art.-Nr.: 90722 (2). Nachweisgrenze: 10 mg/l Ammonium. Dose à 200 Streifen.

Arsen
Grundwasser kann bis zu 0,1 mg Arsen enthalten, teilweise auch aus natürlichen Quellen, in Mineralwässern kann der Arsengehalt wesentlich höher sein. Brunnen in der Nähe von Mülldeponien sollten laufend bezüglich ihres Arsengehaltes geprüft werden, da es bei unsachgemäß angelegten Deponien zu einer Belastung mit diesem Element kommen kann.
Merckoquant Arsen-Test, Best.-Nr.: 10026 (1). Meßbereich: 0,1—3,0 mg/l. Teststäbchen, Reagenzien und Zubehör für 100 Bestimmungen.

Chlor (im Schwimmbadwasser)
Das Wasser in öffentlichen und privaten Schwimmbädern wird zur Abtötung von Krankheitserregern zumeist mit chlorhaltigen Präparaten behandelt, die über einen gewissen Zeitraum hin elementares Chlor freisetzen. Für das Desinfektionsvermögen ist insbesondere das elementare Chlor, und nur in geringem Maße das als „Chlorreserve" vorliegende Präparat selbst verantwortlich. Für private Bäder wird es als ausreichend angesehen, die Summe der beiden wirksamen Komponenten, also den Gehalt an chlorhaltigem Präparat plus den Gehalt an freiem Chlor zu bestimmen. Die Summe sollte zwischen 0,6 und 1 mg/l liegen. Diese Bestimmung des sog. Gesamtchlor erfolgt in einem einzigen Meßgang. Mit einem anderen, etwas erweiterten Reagenziensatz läßt sich aber auch zwischen den beiden Einzelkomponenten unterscheiden. Diese Bestimmungen sind nur wenig komplizierter als die übrigen hier vorgestellten Analysen. Für eine Chlorbestimmung in Trinkwasser kann dieser Testsatz nicht herangezogen werden, da der Chlorgehalt in Trinkwasser unter der mit dem Testsatz erreichten Meßgrenze liegt.
1. Testsatz zur Bestimmung des Gesamtchlors: Aquamerck, Art.-Nr.: 11134 für 300 Gesamtchlor- und pH-Bestimmungen (1).
2. Testsatz zur differenzierten Bestimmung von Gesamtchlor und freiem, wirksamen Chlor: Aquamerck, Art.-Nr.: 11135 für 200 Bestimmungen (1).
3. Chlortest (140 Bestimmungen) und pH-Wert (200 Bestimmungen) fürs Schwimmbad: Fa. W. Schnitzler.

Chromat
Chromat (CrO_x^{2-}) wird insbesondere in galvanischen Betrieben und Beizereien, Gerbereien verwendet und kann dort im Abwasser auftreten. Chromat ist ein gefährlicher, cancerogen (krebserregend) wirkender Giftstoff. Der Chromat-Test kann auch vom Laien durchgeführt werden mit:
1. Merckoquant Chromat-Test, Best.-Nr.: 10012 (1). Meßbereich: 3 bis 100 mg/l. 100 Teststäbchen und Schwefelsäure.
2. Quantofix Chromat, Art.-Nr.: 91301 (2). Meßbereich: 5 bis 500 mg/l.

Eisen

Während fließendes Gewässer meist nur bis zu 0,3 mg/l Eisen enthalten, liegt der Eisengehalt vieler Grundwässer, insbesondere in der Norddeutschen Tiefebene zwischen 1 und 3 mg/l. Mineralwässer können sogar bis zu 50 mg/l Eisen enthalten. Eisen ist zwar ein lebensnotwendiges Element, ein zu hoher Eisengehalt von Leitungswasser technisch aber bedenklich. Eisenhaltige Wässer führen zu Rohrverkrustungen, insbesondere dann, wenn sie zusätzlich eine große Härte aufweisen. Deshalb müssen Wässer, die in Leitungsnetze eingeleitet werden, vorher enteisent werden. Zur Kontrolle des Eisengehaltes in Wasser gibt es unterschiedliche Meßsysteme, die sich inbesondere bezüglich der Meßbereiche unterscheiden:
1. Merckoquant Eisen-Test, Best.-Nr.: 10004 (1). Meßbereich: 3–500 mg/l. 100 Teststäbchen.
2. Quantofix Eisen 1000, Art.-Nr.: 91302 (2). Meßbereich: 5–1000 mg/l. 100 Teststäbchen.
3. Quantofix Eisen 100, Art.-Nr.: 91308 (2). Meßbereich: 2–100 mg/l. 100 Teststäbchen.

Formaldehyd

Dieser Stoff, der z.B. als wirksame Substanz in Desinfektionsmitteln eingesetzt wurde, ist in letzter Zeit als unter Umständen krebsverdächtig ins Gerede gekommen. Mit Hilfe von Teststäbchen kann er in wäßrigen Lösungen — z.B. in diesen Desinfektionsmitteln — nachgewiesen werden.
Merkoquant, Best.-Nr.: 10036 (Teststäbchen) (1). Meßbereich: 10 bis 100 mg/l Formaldehyd.

Härte

Die Härte spielt beim Leitungswasser, aber auch für die Fischzucht eine besondere Rolle.
a) Gesamthärtebestimmung:
1. Enthalten in verschiedenen Wassertest-Sets, die speziell für die Hobbythek zusammengestellt wurden (siehe Beschaffungsnachweis).
2. Aquamerck Gesamthärte-Test, Best.-Nr. 14653 (1). Reagenziensatz für 50 Bestimmungen bei 10° dH.
3. Aquadur Gesamthärte, Art.-Nr.: 91201 (2). Meßbereich: 5–25° dH. 100 Teststäbchen.
4. Merckoquant Gesamthärte, Best.-Nr.: 10025 (1). Meßbereich: 3–23° dH. 100 Teststreifen.
5. Duplatest GH, Best.-Nr. 50011 (3). Für 10–20 Härtebestimmungen.

b) Carbonathärtebestimmung:
1. Aquamerck Carbonathärte-Test, Best.-Nr.: 14658 (1). Reagenziensatz mit Tropfflasche für 50 Bestimmungen bei 10° dH.
2. Duplatest KH, Best.-Nr.: 50012 (3). 20 Bestimmungen bei 10° dH.

Kobalt

Kobalt spielt bei galvanischen Bädern, in der elektronischen Industrie, Metallindustrie eine Rolle (Abwasser!).
1. Merckoquant, Ar.-Nr.: 10002 (1). Meßbereich: 10–1000 mg/l. 100 Teststäbchen.
2. Quantofix Kobalt, Art.-Nr.: 91303 (2). Meßbereich: 10–1000 mg/l. 100 Teststäbchen.

Kupfer

Insbesondere in Neubauten sind die Innenwände der Kupferrohre des Wasserrohrnetzes noch ohne Schutzschicht, so daß relativ große Kupfermengen in Lösung gehen können, die eine Gefahr für Aquarienfische darstellen. Zur Früherkennung dieser Störungen aus dem Leitungswassernetz sollte man einen Test verwenden, mit dem noch Spuren von Kupfer nachgewiesen werden können:
Duplatest Cu, Best.-Nr.: 50021 (3). Genauigkeit 0,1 mg/l. Reagenz für 40 Messungen.

Nickel

Der Nickel-Test dient u.a. zur Kontrolle von Abwassern, z.B. bei Galvanisierbetrieben.
1. Merckoquant Nickel-Test. Best.-Nr.: 10006 (1). Meßbereich: 10–500 mg/l. 100 Teststäbchen.
Hiermit läßt sich auch auf einfache Weise Nickel in Legierungen bzw. die Vernickelung eines Werkstückes nachweisen. Man befeuchtet hierzu die Testzone des Stäbchens mit 10–30%iger Ammoniaklösung und drückt sie auf das zu prüfende Werkstück. Eine Rosafärbung der Testzone zeigt Nickel an.
2. Quantofix Nickel. Art.-Nr.: 91305 (2). Meßbereich: 10–1000 mg/l. 100 Teststäbchen.

Nitrat

Die Bedeutung des Nitrat-Tests für Wasser- und Lebensmittelanalyse wird auf Seite 141 ff. beschrieben. Darüber hinaus kann er bei der Untersuchung des Stickstoffbedarfs von Böden eingesetzt werden.
1. Enthalten in verschiedenen Wassertest-Sets, die speziell für die Hobbythek zusammengestellt wurden; diese Firmen bieten z.T. auch Nitrat-Teststäbchen für Sie zu Sonderpreisen an (s. Beschaffungsnachweis).
2. Merckoquant Nitrat-Test, Best.-Nr.: 10020 (1). Meßbereich: 10–500 mg/l mit zusätzlicher Meßzone für den Nitritnachweis. 50 Teststäbchen.
3. Quantofix Nitrat, Art.-Nr.: 91313 (2). Meßbereich: 100–500 mg/l mit zusätzlicher Meßzone für den Nitritnachweis. 100 Teststäbchen.
4. Dupla-Test Nitrat, Best.-Nr.: 50023 (3). Meßbereich: 5 bis 40 mg/l.

Nitrit

Die Rolle des Nitrits als mögliches Reduktionsprodukt des Nitratanteiles von Lebensmitteln ist schon ausführlicher beschrieben worden. Mit Nitrit-Teststäbchen läßt sich außerdem der Stickoxidgehalt der Luft kontrollieren. Nitrat-Teststäbchen enthalten meist eine Reaktionszone, in der ein möglicher Nitritgehalt über 1 mg/l angezeigt wird. Spezielle Nitrit-Teststäbchen:
1. Merckoquant Nitrit-Test, Best.-Nr.: 10007 (1). Meßbereich: 1–50 mg/l. 100 Teststäbchen.
2. Quantofix Nitrit, Art.-Nr.: 91311 (2). Meßbereich: 1–50 mg/l. 100 Teststäbchen.

Öl

Aufgrund der breiten Anwendung ist Öl eine der häufigen Verschmutzungen. Dabei bildet es eine besondere Gefahr für das Trinkwasser bzw. Grundwasser. 1 Liter Öl kann 1 Million Liter Trinkwasser ungenießbar machen. Zum Nachweis von Benzin, Heizöl, Schmieröl usw. in Wasser oder im Erdreich dient ein Öl-Testpapier der Firma Macherey & Nagel (2). Die Empfindlichkeit des Papiers ist u.a. stark abhängig von der Löslichkeit, Viskosität usw. des nachzuweisenden Öles. Art.-Nr.: 90760. 100 Testpapiere.

Phosphat

Unsere Oberflächengewässer sind im hohen Maße mit Phosphat verunreinigt. Je ein Drittel dieses Phosphats gelangt durch die verstärkte Düngung, durch das Einleiten von Fäkalien und durch Waschmittel in die Gewässer. Insbesondere bei stehenden Gewässern (Seen, Teiche) führt Phosphat zu verstärktem Algenwuchs und evtl. zum „Umkippen" des Gewässers. Zur Früherkennung einer Algengefahr in Süß- und Seewasseraquarien kann verwendet werden:
Duplatest Phosphat, Art.-Nr.: 50024 (3). Meßbereich: 0,1–5,0 mg/l. 2 Reagenzien für 50–100 Messungen.

pH-Wert

Diese Größe ist beim Regenwasser und Trinkwasser schon ausführlich abgehandelt worden. Für den Nichtfachmann können Teststäbchen und Testlösungen empfohlen werden. Teststäbchen sind bei hohen und niedrigen pH-Werten etwas einfacher zu handhaben und umfassen auch einen größeren pH-Bereich als Lösungen. In Bereichen um den Neutralpunkt (im Grunde schon ab pH 4 bis pH 10), insbesondere aber in schwach gepufferten Lösungen sind sie mit größeren Unsicherheitsfaktoren behaftet und sind dort deshalb eher komplizierter zu handhaben als Lösungen. Elektronische Geräte, wie sie schon vorgestellt wurden, sind universell anwendbar.
a) Testlösungen:
1. Wassertest-Set der Firma H. Schlechtriem. Dieses Test-Set enthält u.a. eine Testlösung für 50 pH-Bestimmungen. Meßbereich: pH 4 bis pH 8,2. Die Trennschärfe der Farben ist zwischen 4,8 und 8,2 sehr gut, unterhalb von 4,8 hinreichend.

2. Aquamerck pH-Indikatoren (1) flüssig für verschiedene Meßbereiche: pH 4,5 bis 9 (Best.-Nr. 11137), pH 4 bis 10 (Best.-Nr.: 9175), pH 0 bis 5 (Best.-Nr.: 9177) und pH 9 bis 13 (Best.-Nr.: 9176).
3. Unisol Indikatorlösung plus Farbskala (2). pH 0–5 (Art.-Nr.: 91001), pH 4–10 (Art.-Nr.: 91002), pH 9–13 (Art.-Nr. 91003), pH 1–13 (Art.-Nr.: 91031).
Weiterhin enthalten die für die Aquaristik angebotenen Testsets pH-Indikatoren zumeist für die Bereiche um den Neutralpunkt.
b) Teststäbchen:
1. Enthalten in verschiedenen Wassertest-Sets, die speziell für die Hobbythek zusammengestellt wurden (s. Beschaffungsnachweis).
2. pH-Indikatorstäbchen der Fa. Merck für die verschiedensten Meßbereiche.
3. pH-Fix Indikatorstäbchen der Fa. Macherey & Nagel für verschiedene Meßbereiche.

Sulfat

Sulfate, die Salze der Schwefelsäure, kommen im Trink-, Brauch- und Abwasser vor. Verunreinigte Grund- und Oberflächenwässer können 300 mg/l und mehr Sulfat enthalten. Ab dieser Konzentration greifen diese Wässer Beton an. In der Bauindustrie müssen Wässer deshalb u.a. auf den Sulfatgehalt hin untersucht werden.
Merckoquant Sulfat-Test, Best.-Nr.: 10019 (1). Meßbereich: 200–1600 mg/l. 100 Teststäbchen.

Sulfit

Sulfit spielt in der Diskussion des sauren Regens und der Luftverschmutzung eine besondere Rolle.
Technisch wird Sulfit vor allem als Konservierungsmittel in der Lebensmittelindustrie verwendet, z.B. in Trockenfrüchten und bei der Weinherstellung.
1. Merckoquant Sulfit-Test, Best.-Nr.: 10013 (1). Meßbereich: 10–400 mg/l. 100 Teststäbchen.
2. Quantofix Sulfit, Art.-Nr.: 91306 (2). Meßbereich: 10–1000 mg/l.

Zinn

Blechkonserven enthalten innen eine korrosionsverhindernde Schicht von Zinn. Bei Beschädigung dieser Schicht, aber auch dann, wenn die angebrochene Konserve nicht sofort verzehrt oder umgefüllt wird, kann das Füllgut Zinn herauslösen. Dies sollte unter allen Umständen vermieden werden, da Zinn ein starkes Nervengift ist.
1. Merckoquant Zinn-Test, Best.-Nr.: 10028 (1). Meßbereich: 10–200 mg/l. 50 Teststäbchen.
2. Quantofix Zinn, Art.-Nr.: 91309 (2). Meßbereich: 10–500 mg/l. 100 Teststäbchen.

Bezugsquellen

Nudeln selbstgemacht

Handbetriebene Nudelmaschinen (Handlaminator): Wir haben drei Fabrikate getestet. Die Fa. Atlas stellt ein Gerät her, das es bei Quelle im Versand für 49,50 DM gibt.

Die Nudelmaschine der Fa. Ampia — läßt sich nicht zerlegen — kostet im Kaufhof ebenfalls 49,50 DM. Zeitweise gab es dort sogar ein Angebot für 40,— DM. Aber auch andere Kaufhauskonzerne bieten jetzt solche preiswerten Maschinen unter 50,— DM. Das Gerät der Fa. Imperia gibt es in der Regel in Haushaltswarengeschäften. Der Preis liegt so um 80 bis 100,— DM.

Bei der Auswahl der **Getreidemühlen** haben wir uns an das Testheft der Stiftung Warentest vom Mai 1984 gehalten. Alle von uns ausprobierten Mühlen hatten dort die Note „gut" erhalten. Wir fanden diese Ergebnisse weitgehend bestätigt.

Die preiswerteste ist eine Handmühle mit Stahlkegelmahlwerk: „Jupiter Bio-Mühle Modell 562" zum Preis von ca. 95,— DM. Weiterhin gibt es Vorsatzgeräte zum elektrischen Fleischwolf, z.B. von Moulinex ein Getreidemühlenvorsatz mit Stahlkegelmahlwerk für ca. 130,— DM, der von der Fa. Messerschmidt hergestellt wird, und von der Fa. Jupiter Getreidemühlenvorsätze von 100,— bis 150,— DM.

Auch für elektrische Küchenmaschinen gibt's **Mühlenvorsätze**. Ausprobiert haben wir die kleine Küchenmaschine von Bosch mit dem Vorsatzgerät „Bosch GM/UM 4 Kegelmahlwerk" aus Stahl zum Preis von 130,— DM mit der Testnote „gut" der Stiftung Warentest, ebenso wie das Steinmahlwerk der Fa. Schnitzer für die große Küchenmaschine von Bosch.

Die elektrischen Nudelautomaten sind alle etwas problematisch. Am preiswertesten ist der Nudelautomat der Fa. Moulinex für ca. 200,— DM. Die besten Ergebnisse erzielten wir mit dem Nudelautomat der italienischen Fa. Simac zum Preis von ca. 300,— DM. Der teuerste stammt von der Fa. Bialetti für ca. 400,— DM, er wird von Jupiter vertrieben.

Umwelt — einmal nachgemessen

Die meisten Testmaterialien, die im alphabetischen Verzeichnis ab Seite 151 aufgeführt sind, können Sie im Chemikalien- bzw. Laborhandel beziehen. Die Schnelltests der Fa. Merck (in der alphabetischen Liste mit (1) gekennzeichnet) erhalten Sie über die VDSF-Verlags- und Vertriebs GmbH, Bahnhofstr. 37, D-6050 Offenbach/Main.

Die Tests der Fa. Macherey & Nagel sind in der alphabetischen Liste mit (2) gekennzeichnet. Die Anschrift lautet: Macherey-Nagel GmbH & Co. KG, Neumann-Neander-Str. 6—8, Postfach 307, D-5160 Düren.

Hobbythek-Testsets

Die Hobbythek hat sich wieder mit einigen Firmen in Verbindung gesetzt, die nun spezielle Wassertest-Sets anbieten. Im folgenden finden Sie die Adressen, wo Sie die Testsets bestellen können und was sie im einzelnen enthalten.

1. Fa. Schlechtriem, Jakobshöhe 16, 4050 Mönchengladbach
a) Wassertest-Set (Teststäbchen und Reagenzlösungen) 12,90 DM incl. MwSt und Porto

pH-Wert	(ph 4 bis 8,2)	für 50 Tests
Nitrat	(10—500 mg/l)	10 Teststäbchen
Gesamthärte	alle Härtebereiche	bis zu 40 Tests

b) Diese Firma liefert auch gesondert Nitrat-Teststäbchen:
Nitrat (10—500 mg/l)
          20 Stück   8,50 DM incl. MwSt und Porto
Nitrat (10—500 mg/l)
         100 Stück   17,00 DM incl. MwSt und Porto

Bestellung/Bezahlung:
Sie erhalten das Set bzw. die Nitrat-Teststäbchen zugeschickt bei Vorauszahlung von:

Wassertest-Set:	12,90 DM
Nitrat-Teststäbchen 20 Stück:	8,50 DM
Nitrat-Teststäbchen 100 Stück:	17,00 DM

auf das Postscheckkonto: H. Schlechtriem, Postscheckamt Köln (BLZ 370 100 50), Kto.-Nr. 3463 59-505. Der Abschnitt der Postanweisung gilt gleichzeitig als Bestellschein.

2. Fa. Wilhelm Schnitzler GmbH & Co. KG, Franzstr. 29, 5000 Köln 41, Tel. (02 21) 40 24 32

a) Kombipack — 50 Teststreifen (der Fa. Merck)
17,50 DM incl. MwSt und Porto

pH-Wert	(pH 2 bis 9)	15 Stück
Nitrat	(10—500 mg/l)	17 Stück
Nitrit	(1—50 mg/l)	6 Stück
Gesamthärte	(3—23° dH)	12 Stück

b) Die Teststreifen aus dem Kombipack können Sie auch einzeln erhalten (Preise incl. MwSt und Porto).

pH-Wert	20 Stück	7,75 DM
Nitrat	12 Stück	8,50 DM
Nitrit	15 Stück	8,50 DM
Gesamthärte	20 Stück	8,50 DM

c) Chlortest fürs Schwimmbad — Einfachtest mit Schiebelister. Meßbereich: 0,1 bis 2,0 mg/l. 140 Bestimmungen. Preis: 19,75 DM incl. MwSt. und Porto. Dazu: pH-Test fürs Schwimmbad — Einfachtest mit Schiebelister. Meßbereich: pH 6,5 bis 8,2. 200 Bestimmungen. Preis 19,75 DM incl. MwSt und Porto.

Bezahlung auf das Konto: Deutsche Bank Köln, Kto.-Nr.: 259 9199 (BLZ 370 700 60) gilt als Bestellung. Bitte vergessen Sie nicht bei der Bestellung (auf dem Empfängerabschnitt), den Artikel anzugeben, den Sie wünschen.

3. Fa. COLIMEX, Hohenstaufenring 59, 5000 Köln 1, Tel (02 21) 21 04 13
— Wassertest-Set 2
(60 Teststäbchen der Fa. Macherey & Nagel):
20,40 DM incl. MwSt und Porto

pH	(pH 0—14)	20 Stück
Nitrat	(10—500 mg/l)	20 Stück
Gesamthärte	(5—25° dH)	20 Stück

Die Bezahlung kann entweder über
— Einzahlung des Betrages im voraus auf das Postscheckkonto Nr. 2202 90-505 (BLZ 370 100 50) der Fa. COLIMEX in Köln, Bezahlung gilt als Bestellung (auf dem Empfängerabschnitt nicht vergessen, den gewünschten Artikel anzugeben) oder
— per Nachnahme zuzüglich der Nachnahmegebühren erfolgen.

Elektronische Meßgeräte

Als elektronische Meßgeräte wurden pH-Meter und Leitfähigkeitsmeßgeräte verwendet. Folgende Firmen bieten diese Geräte an:

1. Fa. Behr, Sprangerstr. 8, 4000 Düsseldorf-Reisholz. Tel.: (02 11) 74 60 58
behrotest-pH 85/Set mit Digitalanzeige (im Koffer), 298 DM + MwSt, frei Haus.

2. WTW, Trifthofstr. 57 a, 8120 Weilheim. Tel.: (08 81) 44 11
Modell pH-Digi 90/Set (im Koffer), Best.-Nr. 100706, 495 DM + MwSt + Versand. Günstiger ist dieses Gerät meist im Laborfachhandel zu bekommen.

Leitfähigkeitsmeßgeräte

1. Fa. Behr (Adresse s.o.)
Leitwertmeßgerät LF 85 (Meßbereich 0 bis 2000 µS/cm) mit Digitalanzeige 280,— DM + MwSt, frei Haus.

2. Fa. W. Schnitzler GmbH & Co. KG, Franzstr. 29, 5000 Köln 41
Leitfähigkeits-Meßgerät L 17 (mit Skalenanzeige) 179,95 DM + MwSt, Lieferung frei Haus.

Fritest

Fa. Merck (Adresse s.o.)
Testbesteck zur Beurteilung des Verdorbenheitsgrades von pflanzlichen Fritier- und Siedefetten in Küchen und Backbetrieben, Art.-Nr.: 10652. Flammpunkt 94° C. 60 Prüfungen. 89,— DM + MwSt.

Oxifrit-Test

Fa. Merck (Adresse s.o.)
Zur Kontrolle von Fritier- und Siedefetten, Art.-Nr.: 10653. Flammpunkt 24° C. 60 Bestimmungen. 92,— DM + MwSt.

Das **Umwelt-Lab-Ökologie** ist ein Kasten mit über 100 Experimenten zur Ökologie für Kinder ab 12 Jahren. Es ist von der Fa. Schuco herausgebracht worden (Best.-Nr. 6621) und ist im Spielwarenhandel für 98 DM erhältlich.

Fast alle hier genannten Preise sind von uns mit den Firmen ausgehandelt worden und meist Sonderpreise für alle, die unter dem Stichwort Hobbythek bestellen. Allerdings können wir für die Preise keine Garantie übernehmen; außerdem sind sie nur für ein Jahr (gerechnet ab Mai 1985) zugesagt. Sollten jedoch starke Abweichungen vorkommen, dann wenden Sie sich ruhig an uns.

Fast alle Essen-und-Trinken-Themen können Sie auch in den beiden Sammelbänden „Das große Hobbythek-Buch vom Essen" 1 und 2 finden. Fragen Sie im Buchhandel danach.